浙江文化艺术发展基金资助项目

杨振宇　主编

长堤成市

西湖苏堤及其场所转换

孙梓钧　冯志东　著

中国美术学院出版社·杭州

目　录

序　言

“昔人写西湖之美，东坡诗固脍炙人口，堪称绝唱。袁中郎写六桥春色，述及断桥至苏堤一带，绿烟红雾，弥漫二十余里，歌吹为风，粉落为雨，罗纨之盛，多于堤畔之草……”范景中教授曾在其文章中，以这段精彩的文字重温西湖及其堤畔的诗意景象。他慨叹，有关西湖景物的诗词书画，真可谓数不尽数。而关于西湖的研究，亦已汗牛充栋。即便如此，学者对西湖的研究与探索成果仍然不断涌现。这一现象，恰恰彰显了西湖所蕴含的丰富文化底蕴。

在探索杭州西湖苏堤这一独特文化遗产的过程中，本研究并非仅仅回顾其历史性的片段，而是旨在追溯苏堤水利与城市属性的观念与方法，揭示其作为城市场所营造的具体形成过程。

从水利属性的视角出发，苏堤的建造无疑是苏轼对西湖水域进行有效治理的杰出成就。其巧妙利用自然地形，横贯西湖南北，既有效解决了西湖的淤塞难题，又确保了周边农田灌溉和城市生活用水的充足供应。研究苏堤的水利属性，就是探究传统水利工程对水文规律的深刻理解和精准把握，进而理解其中所涉及的观念与方法在面对特定现实问题时的转换关系。

而在转向城市属性的探讨中，我们可以发现苏堤的演变远不止于公共空间层面的转换。它更是城市空间布局与人文景观构建的精妙融合。随着时间的推移，苏堤逐渐超越了单一的水利功能，成为连接城市、自然与人文的纽带。其周边逐渐聚集的亭台楼阁、庙宇园林等人文景观，共同构筑了一个具有独特性的文化生活空间，吸引了众多文人墨客与市民百姓前来游览、休憩，促进了文化交流与社会生活的繁荣。这一过程展现了苏堤如何从水利功能设施转化为具有丰富文化内涵和社会价值的城市公共空间，体现了关于传统公共空间与场所在理论层面的深刻内涵。

研究苏堤场所营造的核心概念，需全面把握其作为水利设施与城市景观场所的双重身份，以及两者之间相辅相成、和谐共生的关系。这要求我们不仅要关注苏堤的物质形态变化，更要深入挖掘其背后的社会文化背景、审美价值以及人与自然相互作用的思辨过程。苏堤的形成与发展，是西湖风景和杭州城市的缩影，蕴含了城市景观场所的多面性文化内涵，是实用水利功能与文化审美价值完美结合的典范。以往的研究常常将苏堤视为西湖园林中的一部分，侧重于在风景层面的探讨。而本研究则试图通过历史性片段的梳理，在城市场所营造的视野下，追溯苏堤水利和城市属性的演变脉络，厘清苏堤各构成要素的性质及其转换方式，进而理解苏堤如何从水利设施转变为兼具城市和人文特征的山水景观场所的过程。

感谢在研究过程中给予指点帮助的诸多师友。感谢浙江省文化艺术发展基金的支持，使得这项研究得以顺利开展并结集出版。

第一章　场所的营造——一种转换过程

关于场所的转换，阿尔多·罗西（Aldo Rossi）曾从地理和历史两个维度分析了罗马广场的形成与演变，并指出引起罗马广场发生转变的事件及其特征。罗西强调，无论广场最初是以市集的形式存在，还是后来逐渐转换为由神庙、雕塑等纪念性建筑组成的公共空间，其作为人们聚集与交流的中心，这一核心目的始终未变[1]。根据罗西的分析，聚集性作为城市的起源要素，参与着城市的形成和发展，并通过转换建构着不同的城市区域。因此，从关注场所转换过程的视角出发，对场所构成要素和组合方式进行深入分析，进而探寻场所的深层结构以及潜藏在其中的经久元素[2]。这一操作有助于显示场所营造的可理解性。

---

1 ［意］阿尔多·罗西（Aldo Rossi）:《城市建筑》，施植明译，博远出版有限公司，1992年，第109—110页。

2 经久元素出自阿尔多·罗西的《城市建筑》，是城市中一种根本和永恒的生活组织秩序，一种经久不变的形制，具体涉及风俗习惯、仪式、神话等因素，且并不受时间的影响，以永恒的形式存在于城市之中。

在分析中国城市的构造形式时，这一经验有着重要的参考价值。建筑师王澍通过讨论经结构语言学革命的类型学（以罗西的类型学为主要线索），指出“中国城市早已实践着一种斜向的‘类型学’城市制图法，这些城市的历史也早就是一部类型历史”[3]。王澍提出的斜向“类型学”制图法的核心观念，揭示了构成元素在共时性的状态下实现着彼此的重组与转换，从而不断推动城市的更新与演进。在中国传统城市的营造过程中，每个对自然形态或大或小的改造，都对应着类似的转换过程，并遵循着一种体察入微的认知方式。尤其是江南地区的传统城市和乡村，从城市公共园林到乡村村头理景，都充分体现了类似的转换方式。

在阿尔多·罗西和王澍关于城市的讨论中，他们均将转换机制视为城市构造的核心概念。这一机制不仅确保了城市真实性的延续，还兼具城市现实中各种对立和矛盾所呈现的多样性。同时，他们都提到了列维·斯特劳斯（Claude Levi-Strauss）的理论。列维·斯特劳斯提出的“转换系统”，以更为深邃的视野揭示了关于转换过程所蕴含的启示性。在《野性的思维》一书中，列维·斯特劳斯阐述了关于土著人的图腾制度系统及其可转换性。该系统在感官知觉的平面上，构建了一种与现代科学思维体系相平行的认知结构。其功用在于保证社会现实内不同层次间

3　王澍:《设计的开始》，中国建筑工业出版社，2002年，第166页。

观念的可转换性，同时用以满足理智的需求[4]。从将城市的现实内容作为人类理解自然的思维模型来看，列维·斯特劳斯的"转换系统"所带来的启示，能够消除城市中各层面现实内容之间的壁垒，以此重新发现并理解城市中各事物之间的复杂关系。

杭州西湖的苏堤作为场所转换的典型案例，其演变历程从自然形态逐步转化为精心设计的人工环境，进而从功能单一的水利设施演变为多元的城市公共景观场所。在这一转换过程中，无论是出于何种目的，它们都依照一种内在的形式系统，将现实内容以新的方式进行组合。同时，在该程序中还展示了所涉及各事物的属性转变。

唐代早期，在西湖的山水景观场所尚未形成一个相对完整的概念时，水利设施的修建和城市景观场所的营造，从不同维度、不同层面参与着杭州这座城市的建构。它们在此共享着一种自然之理的深层观念和逻辑，共同推动着西湖及其周边环境的持续演变。值得一提的是，宋代元祐五年（1091年），苏轼主持疏浚西湖，将湖中葑泥筑为长堤，连通南北二山，并分隔了西湖水域。这一壮举不仅重新组织了南北二山及里外之湖的关系，更形成了城市与湖山相互交融的格局。进入南宋时期，随着堤岸的持续修筑和沿堤系列纪念性园林的陆续增建，使得湖山与城市的关系更

4 ［法］列维·斯特劳斯（Claude Levi-Strauss）:《野性的思维》，李幼蒸译，中国人民大学出版社，2006年，第70—99页。

加密切。长堤之上，逐渐形成了集礼仪、游观、日常生活等多种活动于一体的多层次公共空间。这些空间相互交织、相互融合，共同构成了苏堤独有的秩序系统，使其水利设施和城市生活场所的边界开始变得模糊。

对于西湖而言，苏堤的修筑无疑是其发展历程中的一个重要里程碑。它不仅将城市生活的不同内容更加紧密地联结在一起，还赋予了西湖和杭州这座城市更加丰富的文化内涵与景观场所品质。我们通过对苏堤所包含的各种事件进行分解与梳理，以一种过程性的方式呈现西湖的变迁历程。在此过程中，苏堤的场所特征和潜在可能性得以显现。同时，依照相似与差异性原则，提示运行其中的作用力。

第二章　苏堤——一条长堤的多重含义

中国太湖流域一带的传统景观场所营造观念，其根源可以追溯至唐宋时期的圩田系统。在唐代中后期，太湖流域塘浦圩田系统逐渐发展成熟，原本的沼泽地转变为农田。在这个过程中，塘浦与圩田相辅相成，生产活动与生活空间相互融合，进而形成相应的景观场所与聚落格局。这些场所和聚落的特征与观念，通过不断的转换与演变，以不同形态延续在新的营造活动中，并为其赋予了新的场所特征与氛围。

王建革在《水乡生态与江南社会》一书中，系统分析了江南圩田体系中景观场所的形成过程及其各阶段的主要特征。他引用当时优秀文人塑造风景的诗歌，阐述这一议题[1]。这些诗歌所揭示的景观场所特征，展示了人们在改造大地的过程中，与景观场所相关的各种线索秩序的形成与转换。王建革指出，在唐代屯田体

1　王建革的研究通过对大量诗歌的引用和分析，呈现了江南地区景观形态的转变及其特征。详见王建革:《水乡生态与江南社会(9—20世纪)》，北京大学出版社，2013年。

制时期，圩田体系构建了一个共同体社会，呈现出农田与城市相互交织的景观特征，即“度地置围田，相兼水陆全。万夫兴力役，千顷人周旋。俯纳环城地，穹悬覆幕天”。这一时期，江南地区的整体景观形态可以概括为棋布格局下的“堤岸河道景观”。然而，到了宋代，屯田体制的瓦解致使大圩岸系统逐渐解体，开始出现适合小农生产的泾浜圩田体系。这一转变引发了“自然湖荡景观”的形成，使得江南地区的圩田景观系统更加多元化[2]。在这样的背景下，江南地区的圩田景观场所，由于各种偶然事件的作用，各类事物相互转换，形成了同一观念下多样化景观场所变体合集。

在太湖流域那些具有山地形态特征的丘陵地区，当塘浦圩田系统观念面对特殊的地理环境时，会自然地转变为陂塘体系。尽管二者在性质上存在相似之处，但由于地理环境的差异，陂塘体系更加依托于特定的地理环境，且与周边人们的生活紧密相连。三者之间的融合逐渐形成了一种包含山水精神和城市生活的景观场所系统。杭州西湖便是这一演变过程中的典型案例，它充分展示了自然地理环境和城市生活的密切关联。在历代对西湖进行的疏浚工程中，其主要目的始终围绕着人们的生活需求，旨在确保城市及其周边地区能够获得充足的生活与生产用水。同时，这些

2　王建革:《水乡生态与江南社会(9—20世纪)》，北京大学出版社，2013年，第135—192页。

疏浚工程也会伴随着风景营造的活动。苏轼在《申三省起请开湖六条状》中的论述，明确指出，治理西湖重点是满足人们的生存需求，而非只为追求游览观赏之美。“西湖之利，上自运河，下及民田，亿万生聚，饮食所资，非止为游观之美”[3]。这一论述也反映了西湖在当时的多重价值。

苏堤，作为西湖农业水利系统中的关键组成部分，共享着陂塘系统中的景观场所营造观念。在《古老的城市支撑系统——中国古代城市陂塘系统及其空间内涵探究》一文中，王晞月、张希、王向荣指出，“陂塘系统一方面是保障城市运转的人居环境建设成果，另一方面也是城市不断发展和承载文化、历史和公众生活不断在其上叠加的基底和框架”[4]。这一观点不仅体现了陂塘系统的丰富内涵，也强调了各层面内容不断叠加的重要性。它们共同构成了人类生存境况的具体形式。对于苏堤而言，其历史演变过程正是人类生存智慧与自然环境相互作用的生动写照。其汇聚了不同时期、不同人群的观念和想象。在这其中，苏堤通过不断修正自身，以符合生产和生活的实际需求，进而推动了水利和聚落层面的质性转变。最终，苏堤形成集圩田系统特征和自然山

3 ［宋］苏轼:《苏轼全集》，傅成、穆俦标点，上海古籍出版社，2000年，第1238页。

4 王晞月、张希、王向荣:《古老的城市支撑系统——中国古代城市陂塘系统及其空间内涵探究》,《城市发展研究》第25卷第10期，2008年，第51—59页。

水诗意表达于一体的秩序系统。

苏堤所承载的圩田观念，具体体现在两个方面。首先，从水利特征来看，表现为以淤泥筑长堤的具体操作，以及历代西湖疏浚工程中对苏堤的不断完善和整理。其次，从城市性的表达来看，苏堤的修筑不仅连通了南北二山，重新建构了城市生活系统，更将人们的日常生活延展到湖中水域，使得人们的生活与西湖内部发生关系。同时，苏堤上修建的一系列公共空间，使其成为了具有聚集性的城市景观场所。

西湖独特的地理环境激发了人们对山水的诗意想象。山水精神的再现赋予了苏堤独特的精神价值。历史上，无论是在圩田系统还是陂塘体系中，都不乏顺势营造风景的案例，这些案例均是基于真实生产活动和自然地理环境特征相叠加而创造出的审美价值。苏堤的修筑，正是这一理念的实践，它不仅揭示了其所在空间的地理环境特征，更为这一地方空间注入了深厚的人文山水精神内涵。这一内涵反过来又丰富了苏堤的场所意义，使其成为一个融合多样性观念的合集。

在《圩田传统影响下宋代西湖的风景营建》中，都铭和陈赟通过对浙江地区圩田系统历史的梳理，阐释了圩田系统与西湖水利建设之间的关系，并分析了基于水利功能的圩田特征及形态如何成为西湖诸景观场所的基因，验证了这些圩田观念在西湖及苏堤中的延续性[5]。这一研究表明，这些观念在经历时空变迁后，依然以某种形式存在于今天的景观场所中。侯晓蕾和郭巍在《圩田景观研究——形态、功能及影响探讨》一文中，分析了圩田在生产、生态、风景营造和城市格局方面的影响与演变。当将杭州西湖放置在更大尺度上的杭嘉湖平原圩田景观背景下观察时，呈现出西湖与圩田系统之间的密切关联[6]。这种关联意味着，圩田中的堤岸系统不仅在水利和城市营造方面有着基础性的作用，还作为一种潜在的构造方式，深刻地影响着场所和城市的营造。

在陂塘系统方面，郑曦的《鉴湖、西湖、湘湖——钱塘江下游地区三大著名湖泊的景观演变与城市化发展启示》一文，通过对鉴湖、西湖、湘湖的溯源与比较，阐释了景观营造与城市发展之间的复杂关系。其中在风景营造方面，基于"山—湖—城"基本格局的地理环境特征，形成了"湖山相映，城湖一体"的结构模式，也就是自然、人文、城市的融合与转换[7]。在这个过程中，陂湖的修筑和城市的营造相互影响，并逐渐融合。由于地理环境的特殊性和当时人们渴慕自然山水的文化风尚，陂湖的修整过程

5 都铭、陈赟:《圩田传统影响下宋代西湖的风景营建》,《园林》第 41 卷第 2 期，2024 年，第 38—44 页。

6 侯晓蕾、郭巍:《圩田景观研究——形态、功能及影响探讨》,《风景园林》2015 年，第 123—128 页。

7 郑曦:《鉴湖、西湖、湘湖——钱塘江下游地区三大著名湖泊的景观演变与城市化发展启示》,《中国园林》第 30 卷第 11 期，2014 年，第 69—73 页。

往往会受到地理环境和人文山水因素的影响，这种影响也进一步渗透到公共园林的营造之中。南宋时期，苏堤上纪念性公共园林的营造便是这一方面的体现。王晞月和王向荣在《“水利—风景”视野下古代陂湖的风景体系及典型特征》一文中，通过对陂湖功能体系和空间结构的分析，梳理了五种与之相似的典型风景特征。分别为：1. 自然环境基底；2. 功能系统单元；3. 风景游赏空间；4. 世俗教化空间；5. 人居聚落与生产生活。[8] 从西湖作为陂湖的角度来看，苏堤在不断发展的过程中，已经或多或少涉及了这五个层面的内容。因此，不论是在圩田系统的影响下，还是在陂湖景观体系的范畴中，苏堤均体现了圩田观念和山水精神相互叠加、相互影响的场所组织体系。

王澍在《时间停滞的城市》一文中，通过借助洛阳与隋长安二座城市平面的差异，阐述了织体城市构造方式的三个理论推想[9]。此推想为理解圩田系统中的城市性如何在场所营造中转换提供了重要启示。他强调，织体城市的每一次营造，第一步的工作

8　王晞月、王向荣:《“水利—风景”视野下古代陂湖的风景体系及典型特征》,《风景园林》第28卷第8期，2021年，第74—79页。

9　三个理论推想概括为：1. 从《考工记》到今天，未受到现代城市设计概念影响的乡村，都使用着同样的构造方式；2. 新城或新城内部的建设，过去的事件都在现在被反复讲到，从突出的建筑到细碎的细节，并呈现为可在时间中往返运动这一事实；3. 城市作为诸成分的织体，存在着可回复和不可回复的时间，分别对应着事件与结构。具体参见王澍:《设计的开始》，中国建筑工业出版社，2002年，第160页。

都是回顾性的，也就是每把城市的过往讲述一次，把过去的事情回忆一遍，城市的历史便被重新构造一次。同时，借助了列维·斯特劳斯的观点：一切知觉都浸透了过去的经验，并且作为“继续存在于掺和着空间和时间的一瞬间的活生生的多样性之中”。在这里，织体城市包含了两个方面的内涵，一方面是过往经验继续参与城市的营造，并以类型（凝聚着一个城市对以往的集体性记忆）作为一座城市的潜在构造；另一方面，“邻近”与“相似”的差异原则在类型加入既定结构内部发生转换时，对结构的转变起到的决定性作用[10]。不可忽视的是，在这一回顾性的工作中，现实和回忆交缠在一起，并延续到未来的营造活动中，这也就意味着每一次建造活动实则是对现实的转换，并在转换的同时带出各事物的潜在属性。对于苏堤而言，其作为圩田系统的变体，其发展历程暗合了这一理论的核心。

伊恩·D. 怀特（Ian D. White）在《16世纪以来的景观与历史》一书中，将景观视为人类与其周围环境之间相互作用的历史性累积。他指出：

> 景观是重要的，因为它们是一种最持久的联系（即物质环境和人类社会之间关系）的产物。景观是人类在与其周围世界相互作用的过程中所创造的。所以，无论

10 王澍:《设计的开始》，中国建筑工业出版社，2002年，第160—163页。

> 是有意识的还是无意识的，景观都是一种人类社会的产物，但为了正确地理解景观，人们需要在各自的自然和文化历史背景下看待景观。[11]

基于怀特的观点，从物质环境和人类社会关系的角度来看，景观可以被理解为人们生存现实的显现。在太湖流域中，人们通过改造大地，构建了生产与生活的秩序系统，这些系统随着各种事件的参与而不断调整，以符合不同层面的需求。杭州西湖及苏堤，作为太湖流域整体水网中的一部分，其在水利和城市方面的作用，实际上与整体水网系统保持着一种相似性的关联（图 1）。在这一具有深厚农业文明历史的特定地域空间内，杭州西湖及苏堤作为其中的一部分，在其形成与发展的过程中，孕育了特定的文化与技术观念。这些观念在苏堤这一线型长堤上得到了集中体现，展现了人们对自然和文化认知的持续叠加。因此，苏堤的聚集属性反映了其开放性的姿态，并为各种可能性的事件预留了空间，同时也展示了堤岸系统在城市性场所营造中的独特转换方式。这种方式涵盖从山川河流到日常生活、从过去到未来的一系列观念共同塑造的过程。

---

11 ［英］伊恩 · D. 怀特:《16 世纪以来的景观与历史》，王思思译，中国建筑工业出版社，2011 年，第 1 页。

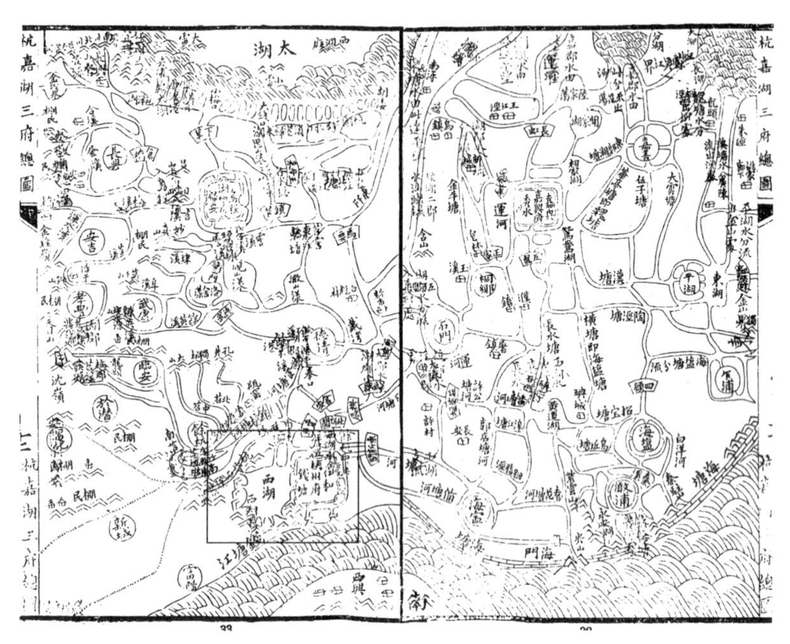

图 1　浙西三府水道总图，[清]《浙西水利备考》

第三章 激流缓受——苏堤与水利设施

北宋时期，西湖的疏浚一直持续不断，但均为小规模的局部整治。直到元祐四年（1089年），苏轼二度赴任杭州，面对西湖几近湮灭的严峻形势，他决定启动大规模的疏浚工程。“熙宁中，臣通判本州，则湖之葑合，盖十二三耳。至今才十六七年之间，遂堙塞其半。父老皆言十年以来，水浅葑合，如云翳空，倏忽便满，更二十年，无西湖矣。”[1]元祐五年（1090年），苏轼开启了疏浚西湖的计划，其中最重要的便是苏堤的修筑。从水利属性的角度来看，苏堤的修筑，一是对葑田如何处理的转换；二是一定程度上有效调节了湖水流动的速度，阻挡了水流中携带的泥沙。

关于苏轼疏浚西湖的具体内容，均记录在《杭州乞度牒开西湖状》与《申三省起请开湖六条状》两本奏折中，从中我们可以看到关于疏浚西湖的具体缘由和详细措施。在《杭州乞度牒开西

1 ［宋］苏轼:《苏轼全集》，傅成、穆俦标点，上海古籍出版社，2000年，第1226页。

湖状》一文中，苏轼分析了疏浚西湖的五种重要意义，分别为：皇家命运、城市发展、农业灌溉、运河航运畅通，以及酿酒税收。这五个方面紧密相连，共同构成了疏浚西湖的迫切理由，体现了苏堤与国家和个人命运息息相关的实际需求，并以具体细微的事件呈现。同时，这些内容，不仅体现了疏浚西湖这一事件内部的复杂关系，而且还暗含了五条线索之间的转换关系。

而《申三省起请开湖六条状》则进一步列举了疏浚西湖的详细措施和后期的管理方法，确保西湖可以长久畅通。除此之外，苏轼还构建城市水网以满足湖水与运河之通的宏观设想，以及在街道曲折之间作石柜贮水，用于居民浣濯和防火的细节考虑。以上二者各个层面的内容，充分体现了苏轼对于各项事物体察入微的认知态度和精神。这种认知方式，与苏堤包含的各层面内容有着必然关联。在苏堤的构筑中，每个层面以各自的需求和逻辑运行，并以相互并置的状态呈现。

第一节　以种菱除葑田

根据《杭州乞度牒开西湖状》的记载，苏轼在开湖之前，指出了西湖间接不断堙塞的原因，提出一系列相应的应对策略，其中一项措施为以种菱除葑草。西湖堙塞和种菱之间虽无必然联系，但是在清除葑田的这一问题上，二者存在着一种等价关系，故可归属于同一类别。苏轼指出，“盖西湖水浅，茭葑壮猛，虽尽力开撩，而三二年间，人工不继，则随手葑合，与不开同。窃见吴人种菱，每岁之春，芟除涝漉，寸草不遗，然后下种。若将葑田变为菱荡，永无茭草堙塞之患”[2]。这里，“而三二年间，人工不继，则随手葑合”与“每岁之春，芟除涝漉，寸草不遗”形成一种对应关系，体现了人事管理和自然规律两个层面间的平衡与互通。另外，这种对应关系，一是建立在对开葑和种菱体察入微的认知与理解的基础之上；二是借助种菱除葑田试图满足逻辑秩序的现实。

苏轼将西湖葑田区域租佃与人户种植菱角，则是这一对应关系在社会管理层面的体现。其中涉及了种植区域的设定、疆界的分隔措施、专门管理机构的设立，以及专项资金的筹集和使用等多个方面，共同构成了一个全面而系统的治理方案。所涉及的具体内容如下：

> 一、自来西湖水面，不许人租佃，惟茭葑之地方许请赁种植。今来既将葑田开成水面，须至给与人户请佃种菱。深虑岁久人户日渐侵占旧来水面种植，官司无由觉察，已指挥本州候开湖了日，于今来新开界上立小石塔三五所，相望为界，亦须至立条约束。今来起请，应石塔以内水面不得请射及侵占种植，如违，许人告，每

2　同上，第1230页。

丈支赏钱五贯省，以犯人家财充。

一、湖上种菱人户，自来脔割葑地，如田塍状，以为疆界。缘此即渐葑合，不可不禁。今来起请应种菱人户，只得标插竹木为四至，不得以脔葑为界，如违，亦许人划赁。

一、本州公使库自来收西湖菱草荡课利钱四百五十四贯，充公使。今来既开草葑，尽变为菱荡，给与人户租佃，即今后课利，亦必稍增。若拨入公使库，未为稳便。今来起请欲乞应西湖上新旧菱荡课利并委自本州量立课额，今后永不得增添。如人户不切除治，致少有草葑，即许人划赁。其划赁人，特与权免三年课利。所有新旧菱荡课利钱，尽送钱塘县尉司收管，谓之开湖司公使库。更不得支用，以备逐年雇人开葑撩浅。如敢别将支用，并科违制。

一、钱塘县尉廨宇在西湖上。今来起请今后差钱塘县尉衔位内带管勾开湖司公事，常切点检，才有茭葑，即依法施行。或支开湖司钱物，雇人开撩替日委后政点检交割。如有茭葑不切除治，即申所属点检，申吏部理为遗阙。[3]

3 同上，第 1231 页。

从上述内容来看，首先，苏轼提议将原有的葑田区域改为种菱，且做了范围限制，其目的在于精准除葑，通过控制种菱区域以防浸水；其次，强调了人户疆界的分隔不得用脔割葑地，并以奖励制度进行监督；最后，设置了税收免除制度，并成立了专门的管理机构，以保证湖面能够长久不被葑草侵袭。总体来说，苏轼提出的各项措施，都是从社会性的角度确保葑田不再恢复。这一系列的社会性管理措施，是区别于利用自然规律种菱除葑之外的另一套维护方法，这套方法也是维持西湖长久不淤的必要措施。

从中可见，在这次疏浚西湖的事件中，苏轼针对清除葑草提出了两个层面的措施，一是利用菱角生长的自然习性来对抗葑草的再生，二是通过构建完善的社会管理制度来保障种菱除葑能够长久有效。二者之间实际上是一种等价关系，它们分别对应着不同事物的相同目标，以确保转换系统的可行性。于是，在种菱除葑的过程中，对菱荡的养护转换为清除葑草的措施，农业生产活动则转变为治理维护西湖的手段。

第二节　以葑田筑长堤

在西湖的疏浚环节中，苏轼在奏折中并没有直接提及葑田的堆积方式和具体位置，但是他对水利问题的深入洞察，为我们理解他如何处理西湖葑田提供了重要线索。从元祐六年（1091 年）

七月苏轼上书的《进〈单锷吴中水利书〉状》来看，他细致地描述了关于太湖流域的水利问题，并力荐常州单锷的《吴中水利书》作为治水之要。其中提到了通过加筑新堤及长桥提高水流速度，以缓解海口泥沙复积的设想：

> 自庆历以来，松江始大筑挽路，建长桥，植千柱水中，宜不甚碍。而夏秋涨水之时，桥上水常高尺余，况数十里积石壅土筑为挽路乎？自长桥挽路之成，公私漕运便之，日葺不已，而松江始艰噎不快，江水不快，软缓而无力，则海之泥沙随潮而上，日积不已，故海口湮灭，而吴中多水患。近日议者，但欲发民浚治海口，而不知江水艰噎，虽暂通快，不过岁余，泥沙复积，水患如故。今欲治其本，长桥挽路固不可去，惟有凿挽路于旧桥外，别为千桥，桥谼各二丈，千桥之积，为二千丈，水道松江，宜加迅驶。然后官私出力以浚海口，海口既浚，而江水有力，则泥沙不复积，水患可以少衰。[4]

在苏轼看来，长堤和拱桥的结合是满足交通和排水需求的理想方案。然而，由于各地地理环境和实际需求的不同，其中定会产生必然的差异。因此，在疏浚西湖的过程中，葑田处理的问题

4 同上，第 1265 页。

巧妙地转换为修筑堤岸，就显得较为合理。如果放在更大范围的太湖流域圩田系统中来看，西湖中的葑田堆积则类似于开发沼泽之地中的淤泥筑堤。正如王建革指出，关于堤岸在圩田系统中的最初形态，“一个地区最早的屯田可能只是一条单堤，堤的一边形成圩田，不远处再造一条单堤，堤的另一面形成圩田，堤与堤之间就形成塘浦河道”[5]。从中可以发现，圩田的形成是通过开挖塘浦中的淤泥来筑堤，从而实现农田和水域的有效分隔，同时也消耗了葑泥。而西湖疏浚的需求与此相似，所以关于葑泥如何处理的问题就自然而然地转换为堆积长堤。

如果将湖溇圩田作为类比，则会更进一步显示葑泥筑堤的明晰性。太湖流域的塘浦圩田农业水利系统，成熟于唐末五代时期。与此同时，在太湖的湖滨区域中形成的一种独特圩田形式——湖溇圩田，通过淤泥堆积堤岸，被挖掘的区域形成横塘以供蓄水和航运，挖出来的淤泥堆积为圩岸以护农田，淤泥被有效地转换为各种线索中的构成要素（图 2）。缪启愉在《太湖塘浦圩田史研究》一书中，对太湖湖溇圩田系统“横塘纵溇”的原理和作用做了详细的分析。

作为太湖二大源流的西南部的东西二苕溪和西部的

5 王建革:《水乡生态与江南社会（9—20 世纪）》，北京大学出版社，2013 年，第 140—141 页。

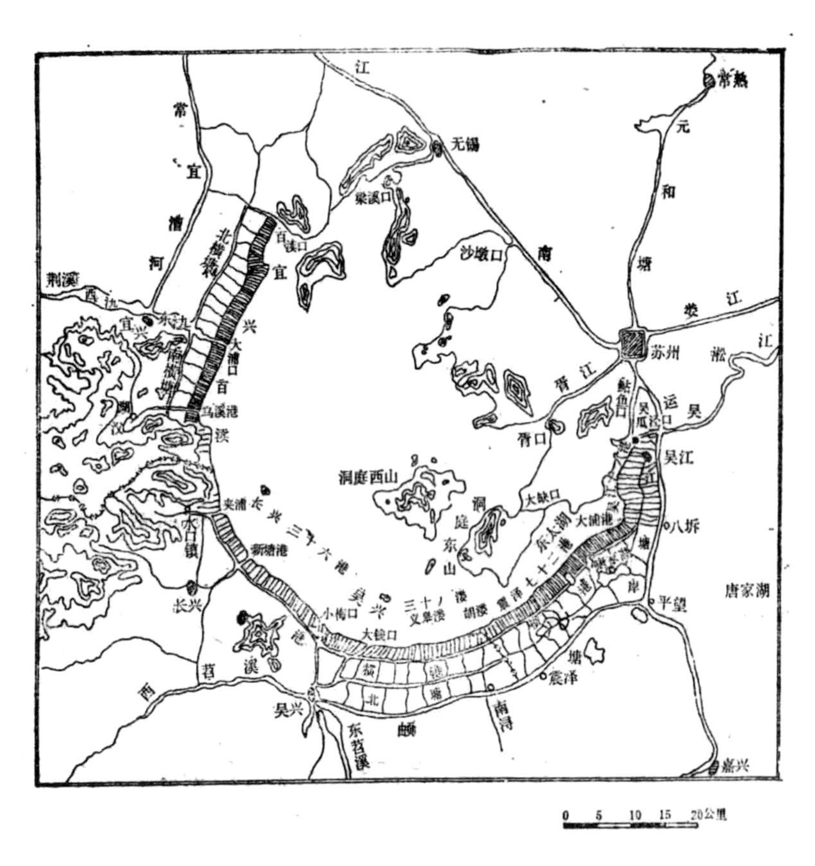

图 2　太湖沿岸湖楼圩田　缪启愉编著《太湖塘浦圩田史研究》

荆溪，都具有源短流急的山溪水的特点。古代劳动人民在苕溪和荆溪的尾间，采取一种巧妙的独特的形式，那就是“横塘纵溇”的布置。横塘纵溇的作用，古人认为是“急流缓受”，换句话说，急流缓受是为了充分利用水利资源，去除旱捞灾害。其具体作用有三：一是扩散山洪激流，由纵溇分疏入湖，消除涝灾；二是接济横塘水源，以利航运；三是横塘潴水，纵溇引水，以资灌溉。[6]

按照缪启愉的分析，太湖湖滨区域的湖溇圩田系统，可以理解为一种控水方式，这种方式根据地形特征和水文信息形成一种复杂的堤岸系统，并分属于除洪、航运、灌溉三个层面。在这里，为了解决苕溪和荆溪激流的问题，出现了相应的圩堤系统，这与苏轼在《进单锷〈吴中水利书〉状》中提到的堤岸的水利作用事实上是类似的，堤岸一定程度上是会影响水流速度，只是需求不同，堤岸的作用也就不同。苏堤在西湖中的位置，正好处于西山山麓附近，一定程度上也会调节水源的流速，以及阻挡水源中携带的泥沙杂质。竺可桢在《杭州西湖生成的原因》中提道：

（西湖）初成的时候，里湖的面积比较现在的外湖

6　缪启愉编著:《太湖塘浦圩田史研究》，农业出版社，1985年，第44页。

还大。后来因南北诸高峰川流汇集，如玉泉、两峰涧、龙井等溪水所带下的泥土，流入湖中以后，速率顿减，就淤积起来。里湖因在靠山这一边，所以淤积得快。如耿家步、金沙港、茅家埠等处，就是溪流带下的冲积土所成的[7]。

在郑瑾的《杭州西湖治理史研究》中，同样提道：

入湖溪流挟带的泥沙和大量水生动植物、微生物残骸的堆积下，面积迅速缩小，湖水日益变浅，很快就进入了沼泽化时期。其后，经过历代的淤塞—疏浚—再淤塞—再疏浚的过程，虽然有人力的努力疏浚，但由于种种原因，湖体面积总体上仍呈逐步缩小的趋势。据历史记载和地质资料分析，可以测知，西湖在汉唐时的面积约为10.8平方公里，“澄千顷之波澜”，虽然不及初形成之时，但仍比现在的西湖要大近一倍左右[8]。

根据以上分析，西湖进水水源所携带的泥沙和生物残骸，一定程度上加速了西湖的淤积。这样看来，苏堤修筑的位置靠近西

7 竺可桢:《杭州西湖生成的原因》,《语文新圃》2003年第2期，第21—22页。
8 郑瑾:《杭州西湖治理史研究》，浙江大学出版社，2010年，第8页。

山进水区域，可将冲刷下来的泥沙阻挡在外，也确保了西湖主体水域能够长久不淤。

此外，苏堤的修筑连通了南北二山，参与了城市生活的交通系统建构。湖溇圩田中灌溉和节水的“溇”，在苏堤中转换为通水和通人的“六桥”，这一转换赋予了苏堤新的意义与价值。

第四章　城湖一体——苏堤与城市性表达

太湖流域的传统城市发展与水利工程密不可分，这一点在葑泥筑堤的实践中得到了充分体现。葑泥筑堤不仅改善了农业生产条件，还直接影响了城市的格局和特性。沈括在《梦溪笔谈》中详细描述了苏州至昆山之间修堤的缘由和过程，显示了水利与城市之间的密切关联。他提道：

> 苏州至昆山县凡六十里，皆浅水无陆途，民颇病涉，久欲为长堤，但苏州皆泽国，无处求土。嘉祐中人有献计，就水中以蘧蒢刍藁为墙，栽两行，相去三尺，去墙六丈又为一墙，亦如此，漉水中淤泥实蘧蒢中，候干则以水车汰去两墙之间旧水，墙间六丈皆土，留其半以为堤脚，掘其半为渠，取土以为堤，每三四里则为一桥以通南北之水。不日堤成，至今为利。[1]

1 ［宋］沈括：《梦溪笔谈》，施适校点，上海古籍出版社，2015 年，第 92 页。

这种利用淤泥筑起的长堤，并每隔三四里建一座桥的方式，不仅有效解决了交通问题，还顺应了水流的运动规律，极大地促进了苏州与昆山之间的经济繁荣和文化交流。对于西湖苏堤来说，其修筑方式则是对上述实践形式的反向应用，既解决了西湖葑田堆积的问题，又完善了城市的交通系统。这两种情况聚焦于筑堤这一核心活动，使其在城市格局体系的线索中转变为一种独特的城市属性表达。

在《水乡生态与江南社会》一书中，王建革分析了关于宋代圩田中聚落的形成与发展。他借助宋人郏亶的实地调研资料，阐释了农田、聚落与交通之间的紧密关系。

> 古者，人户各有田舍，在田圩之中浸以为家。欲其行舟之便，乃凿其圩岸以为小泾、小浜。即臣昨来所陈某家浜、某家浜之类是也。说者谓浜者，安船沟也。泾浜既小，是圩岸不高，遂至坏却田圩，都为白水也……今昆山柏家瀼水底之下，上有民家阶甃之遗址，此古者民在圩中住居之旧迹也。[2]

聚落不仅是生产和生活的中心，也是经济交流和社会互动的

2　王建革:《水乡生态与江南社会（9—20世纪）》，北京大学出版社，2013年，第145页。

重要场所。白居易的诗句“风月万家河两岸，笙歌一曲郡西楼”生动地描绘了圩田系统中的市镇景观[3]。在生活和生产不断交融的背景下，聚落与圩田的形式相互融合，堤岸及泾浜转换为聚落生活的交通系统。这一交通系统在满足生活需求的同时，也影响了聚落的格局和属性。

南宋时期，历任官员将治理西湖作为在杭执政时期的重要政绩之一，因此大概每隔十年就要对西湖进行一次大规模的疏浚工作[4]。在疏浚过程中，对于苏堤的修整，最重要的是在其上修建了一系列的公共纪念性园林建筑。此外，在淳祐二年（1242），赵与筹修筑了小新堤，自北新路第二桥（东浦桥）至曲院，以通灵隐天竺路，堤上建有四面堂和三个供游客休息的亭子，夹岸种植花柳。小新堤的修筑不仅拓展了苏堤的范围，更重要的是，它与系列公共园林一同重新构造了苏堤的结构。这一转变不仅重塑了西湖周围区域的城市结构，而且进一步增强了苏堤的聚集性（图3、图4）。

3 同上，第146页。

4 郑瑾:《杭州西湖治理史研究》，浙江大学出版社，2010年，第78页。

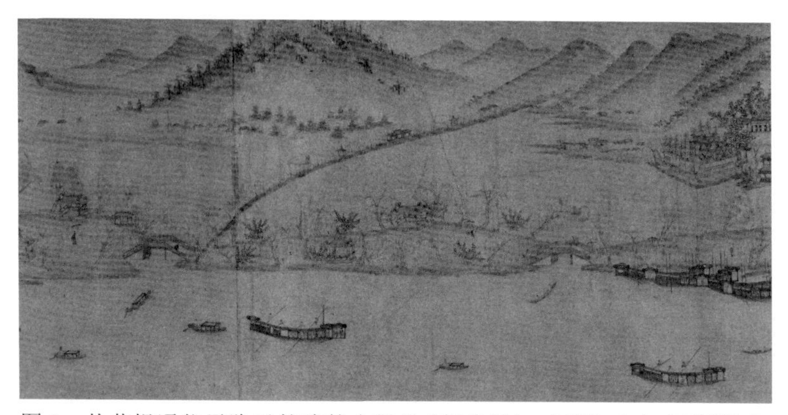

图3　从苏堤通往灵隐天竺路的小新堤（赵公堤），［元］佚名《西湖清趣图》，美国弗利尔美术馆藏

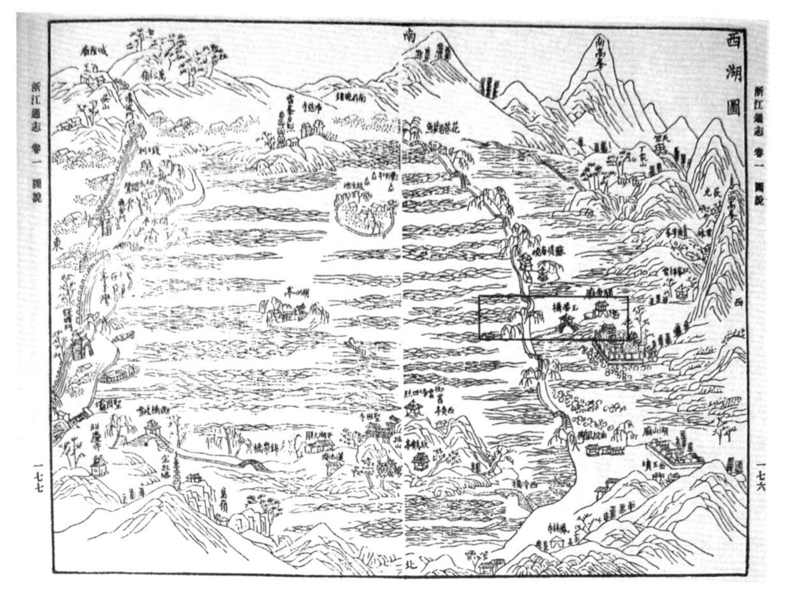

图4　从苏堤通往灵隐天竺路的小新堤（赵公堤），清代称为金沙堤，《杭州古旧地图集》

第一节 筑长堤以通南北

关于西湖南北二山之间的连接关系，这一关系随着城市格局的演变而逐步变化。根据阙维民在《杭州城池暨西湖历史图说》一书中的考证，秦始皇统一全国后，第四次南巡途经杭州。他的行进路线显示，当时西湖尚未形成，因此南北二山需要利用浅湾向西，沿武林山麓一线绕行至南边吴山岬角后，再折南而至凤凰山麓的古柳浦，后而临浙江[5]。秦汉时期的钱塘县治位于今西湖以西区域，北至岳坟，西去灵隐一带。这一时期，从南到北的需求并不频繁。阙维民进一步指出，到了六朝时期，钱塘县的主要聚落分布在西湖群山山麓地带以及交通水道沿线。东晋咸和三年（328年），钱塘县的行政中心已经落址在柳浦之西凤凰山麓一带，靠近浙江江干区域[6]。这一变化，促使以群山山麓形态为基底的半环状聚落群结构形成。同时也凸显了南北二山日益增长的交通需求。隋代时期，随着运河（清湖河）大堤的修筑，不仅为城市提供了一道有效的防海潮屏障，还加速了西湖的形成过程。这一变化使得原本分散在杭州城市南北的宝石山东麓聚落与吴山东南麓聚落逐渐相连，最终形成了环湖而居的城市格局。

城市格局的演变影响了西湖与城市及其交通体系的互动关

5 阙维民编著：《杭州城池暨西湖历史图说》，浙江人民出版社，2000年，第8页。

6 同上，第10页。

系。在唐代，西湖与城市紧密相连，彼此依存。李泌修建的“六井”直接反映了西湖对城市生活繁荣与活力的重要性，而白居易修筑“白公堤”则展现了其在人们物质与精神生活中的双重作用。这充分表明了城市聚落与水利设施之间互为支撑、共生共存的紧密关系。

吴越时期的繁荣发展进一步加强了湖山与城市之间的联系。西湖群山中建造了众多的佛寺，形成了以礼佛习俗为线索的叙事结构。同时，城墙的修筑将城市与西湖分离，但城门作为连接两者的关键要素，其位置对城市与西湖的关联节点起到了决定性的作用。据文献记载，罗城共有十座城门，分别为：

> 曰朝天门，在吴山下，今镇海楼；曰龙山门，在六和塔西；曰竹车门，在望仙桥东南；曰新门，在炭桥东；曰南土门，在荐桥门外；曰北土门，在旧菜市门外；曰盐桥门，在旧盐桥西；曰西关门，在雷峰塔下；曰北关门，在夹城巷；曰宝德门，在艮山门外无星桥[7]。

这些城门的位置在促进城市和西湖的交流发挥了重要作用。特别是在南山的一端的“西关门”[8]，作为交通路径汇聚的节点之

7　同上，第28页。

8　由于宋代城墙范围开始内缩，其中位于雷峰塔（西关塔）处的“西关门”逐渐荒废。南宋时期，与苏堤最为接近的为“钱湖门”。

一，为后来苏堤在交通方面的便利性奠定了重要的基础。

苏辙在《亡兄子瞻端明墓志铭》中写道：“公间至湖上，周视良久，曰：今欲去葑田，葑田如云，将安所置之？湖南北三十里，环湖往来，终日不达，若取葑田积之湖中，为长堤以通南北，则葑田去而行者便矣……堤成，植芙蓉杨柳其上，望之如图画。”[9]这段文献中包含了两个层面的内容，一是如何解决南北二山之间的城市交通问题；二是苏堤如何转换为风景的构造。苏轼巧妙地将二者结合起来，通过将葑泥筑为长堤来连接南北二山，既改善了城市交通状况，又塑造了城市的景观场所。值得注意的是，这一举措不仅修补了城市交通系统，还参与了城市生活系统的书写。

关于堤岸的交通属性与城市生活系统的联系，可以追溯到圩田系统。在唐代圩田系统形成初期，苏州吴江区（古松陵镇）四周皆为水域，从平望到达苏州没有陆路可通。因此“元和五年，苏州刺史王仲舒堤松江为路”[10]。至此，苏州和平望之间由长堤相连，改变了抵郡无陆路的状况。经后期不断完善，这一堤路逐渐形成了较为完整的吴江塘路（图5）。

黄锡之在《太湖障堤中吴江塘路的历史变迁》一文中指出，

9 ［宋］苏辙：《栾城集》，马德富、曾枣庄校注，上海古籍出版社，2009年，第1417页。

10 ［清］金友理撰：《太湖备考》，薛正兴校点，江苏古籍出版社，1998年，第110页。

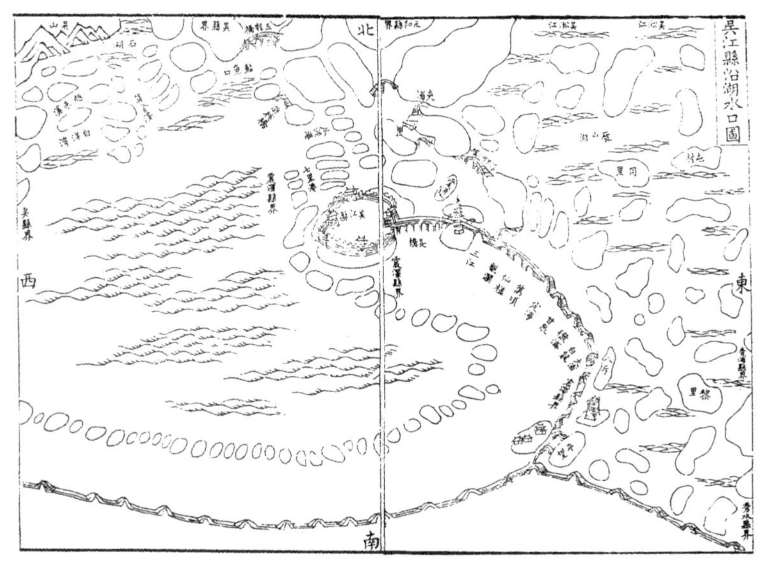

图 5　从吴江县到平望的堤岸，[清] 太湖备考

吴江塘路在交通属性上具有多重含义：

> 吴江塘路自唐代修建完善后，已上可驰马，兼作纤路良道，有利于水陆交通。尤其是原先“舟运不能牵挽，驿递不能相通”的古松陵镇，是太湖东岸的一个沙渚，四面皆水，晨暮往来，事无纤巨，必舟而后可。吴江塘路建成后，苏州至吴江、松江、嘉兴等地，皆有陆路相通。苏州至平望段，运河与太湖亦由此隔开后自成系统，得以顺利发挥它的动脉作用，终年橹击涟漪、帆

鼓清风，与塘路一起沟通南北之间的重要往来[11]。

从吴江塘路的完善中，我们可以看到堤岸的作用不仅在于完善陆路与水路系统，同时也促进了各地之间的物质与文化的交流。如果苏堤同享这一原理，那么它不仅连接了南北二山和里湖外湖，更重要的是改变了周边人与人、人与物之间的关系，进而形成了新的城市聚集活动场所。

第二节　筑长堤以连四方

苏堤横跨南北二山，使得环湖道路形成了一个完整的环状路径系统。陆地交通路线延伸到湖水区域内部，从而建立起陆路与湖山之间的紧密联系。与此同时，苏堤的建造将原本一体的西湖水面分隔为内湖和外湖两个区域，形成了双区域并置格局。这一变化使得西湖水面转变为大小、内外、参差有序的差异化表达。而苏堤及其“六桥”又将这具有差异性的里外两湖连接起来，建立了西湖西面山谷内部空间与外湖区域的关系。因此，苏堤通过连接南北和分隔里外，汇聚了城市中人们的日常生活，充分展现了其连通性和聚集性，进而重塑了城市局部区域的格局。

11　黄锡之:《太湖障堤中吴江塘路的历史变迁》,《苏州大学学报》，1988年第3期，第112—114页。

关于苏堤“六桥”连通里外二湖的情况，周密在《武林旧事》中有详细记载。第一桥，港通赤山教场，名映波；第二桥，通赤山麦岭路，名锁澜；第三桥，通花家山，港名望山；第四桥，通茅家埠，港名压堤；第五桥，通曲院港，名东浦；第六桥，通耿家埠港，名跨虹。[12]从中可知，“六桥”的设立及其位置，不仅明确了内外二湖之间的水陆路线，更加强了西湖与群山内部人们日常生活的联系。董莳从“苏堤六桥”与“西山六水”形态和语义嫁接的角度，分析了六桥连接六水在地理上的科学性（图6），进而确认了“六桥”与内部地方空间的关联[13]。这一关联，揭示了苏堤在不同层面的联结作用。

在《西湖繁盛图》中，沿堤设置形态各异的停靠码头，为穿梭于水路的人们提供了驻留或通行的机会（图7），展现了苏堤作为水陆中转之处的用途。这些堤岸停靠点位的设置，增强了湖中事件与苏堤的联系，为买卖、游观、仪式等活动提供了便利，同时也使得苏堤的形式保持着一种开放和包容的态势。因此，苏堤作为水陆双向之间的连接节点，构建了南北、东西、陆路、水路，以及水陆相接的不同路径系统的重叠体系。加之苏堤可以提供诸多停靠点位，形成了若干系列交错的路径模式，最终构建了一个多方聚集、纵横交织秩序系统。

12　［宋］周密:《武林旧事》，中国商业出版社，1982年，第91—93页。

13　董莳:《一个地方空间的生成机制研究——以西湖为样本》，中国美术学院，2022年，第210页。

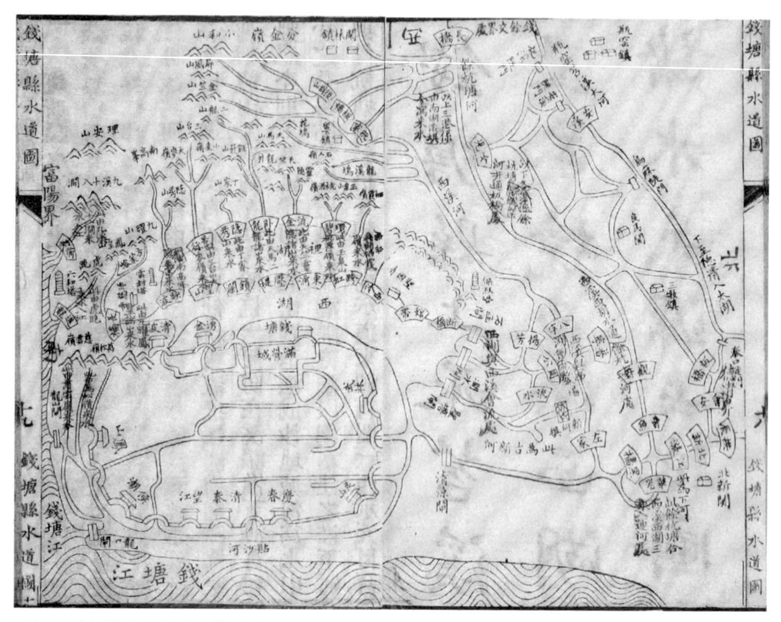

图 6 钱塘水道图，[清]《浙西水利备考》

在明代田汝成的《西湖游览志余》中，描述了南宋清明时节苏堤的集市场景，一定程度上暗合了由苏堤所形成的聚集多方事物的场所结构。

> 清明，从冬至数至一百五日，即其节也。前两日谓之寒食，人家插柳满檐，青蒨可爱，男女亦咸戴之。谚云："清明不戴柳，红颜成皓首。"是日，倾城上冢，南北两山之间，车马阗集，而酒尊食罍，山家村店，享馂

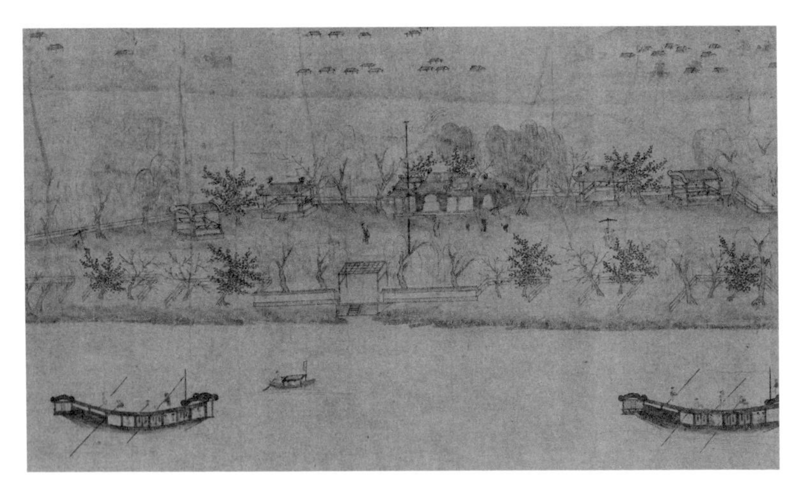

图7　分布在苏堤沿岸不同形态的码头，[元] 佚名《西湖清趣图》(局部)，美国弗利尔美术馆藏

遨游，或张幕藉草，并舫随波，日暮忘返。苏堤一带，桃柳阴浓，红翠间错，走索、骠骑、飞钱、抛钹、踢木、撒沙、吞刀、吐火、跃圈、觔斗、舞盘，及诸色禽虫之戏，纷然丛集。而外方优妓，歌吹觅钱者，水陆有之，接踵承应。又有买卖赶趁，香茶细果，酒中所需。而彩妆傀儡，莲船、战马，饧笙、鼗鼓，琐碎戏具，以诱悦童曹者，在在成市。[14]

14 [明] 田汝成:《西湖游览志余》，陈志明编校，东方出版社，2012年，第370页。

通过田汝成的记载，可以发现，在清明时节，西湖与苏堤之上聚集了祭祀、宴饮、游观、娱乐、买卖等不同属性的事件。这些事件的聚集，构成了西湖及苏堤的场所秩序与精神。

关于苏堤所形成的聚集性特征，首先，从苏堤周边区域的人口密度及其构成的角度来看，这一因素影响了苏堤及其周边最基本的聚集状态。南宋时期，人口迅速增长，推动城市不断向外扩张，居住区域也随之向外延伸。正如阙维民所说，环西湖周边因其适宜的生活环境，吸引了大量的南宋皇室家族、历代朝廷将相在此建造住宅和园囿[15]。徐吉军同样指出："至于城外人口密度较高的地方，当推沿西湖东岸靠近城门一带。这一时期，万松岭和孝仁坊西岭上，'今宅第内官民居，高高下下，鳞次栉比，多居于上'。凤凰山也是如此，《梦粱录》卷一八《恤贫济老》曰：'杭城富室多是外郡寄寓之人，盖此郡凤凰山谓之客山，其山高木秀，皆荫及寄寓者。'同时，'湖上屋宇连接，不减城中，有为诗云：一色楼台三十里，不知何处觅孤山？'"[16]从中可以看出，当时西湖周边聚集了众多人口。尤其是在南北两山的区域形成了高密度聚居区。此外，加上原有西山山麓的聚落区域，这些聚居区共同构建了环西湖聚居区的结构形态。

西湖周边的人口构成也极为丰富，不仅有西山群山山麓的普

15 阙维民编著：《杭州城池暨西湖历史图说》，浙江人民出版社，2000年，第49页。

16 徐吉军：《南宋都城临安》，杭州出版社，2008年，第306页。

通百姓，还有皇室家族和朝廷将相以及大量的文人。“从南宋中期以后……住在葛岭的贾似道就是其中著名的一个。特别是在西北部，出钱塘门外的东、西马塍和葛岭一带，在西南部的清波门和西北部的钱塘门外，随着住宅地的扩大，许多著名人物都居住在那里。朱熹居西湖灵芝寺，叶绍翁居钱塘门外九曲城边，姜夔居西湖边的水磨头，朱弁居钱塘门外白龟池，吕午、宋器之均居住在西马塍等。”[17] 同时，城外还驻扎有兵营，“城外居民繁盛，防虞之事，其亦岂容略”，遂于淳祐四年（1244 年）在城外四隅东南西北四壁设 1200 人[18]。人口结构的丰富性，为不同属性的活动注入了活力。随着时间的推移，这些活动逐渐形成了以各自需求为线索的叙事体系，而这些活动反过来又丰富着场所的属性与意义。总体而言，人口密度较高和结构丰富的城市环境，进一步促使西湖周边区域形成以西湖及苏堤为中心的环状结构（图 8）。

以西湖及苏堤为中心形成的城市环状结构，与仪式活动、节日庆典、游观行为以及商业活动紧密相连。因这些事件的活动需求，在苏堤及西湖周边建造了大量的纪念性建筑，进而在城市内外分布了众多寺庙、宫观与祠堂。尤其是在西湖周边及其群山内部，建造了数量庞大的宗教场所。据《咸淳临安志》卷 71—82 记载，这些宗教场所中，民间祠寺共 128 座，其中土神 5 座，山

17　同上，第 34 页。

18　阙维民编著:《杭州城池暨西湖历史图说》，浙江人民出版社，2000 年，第 47 页。

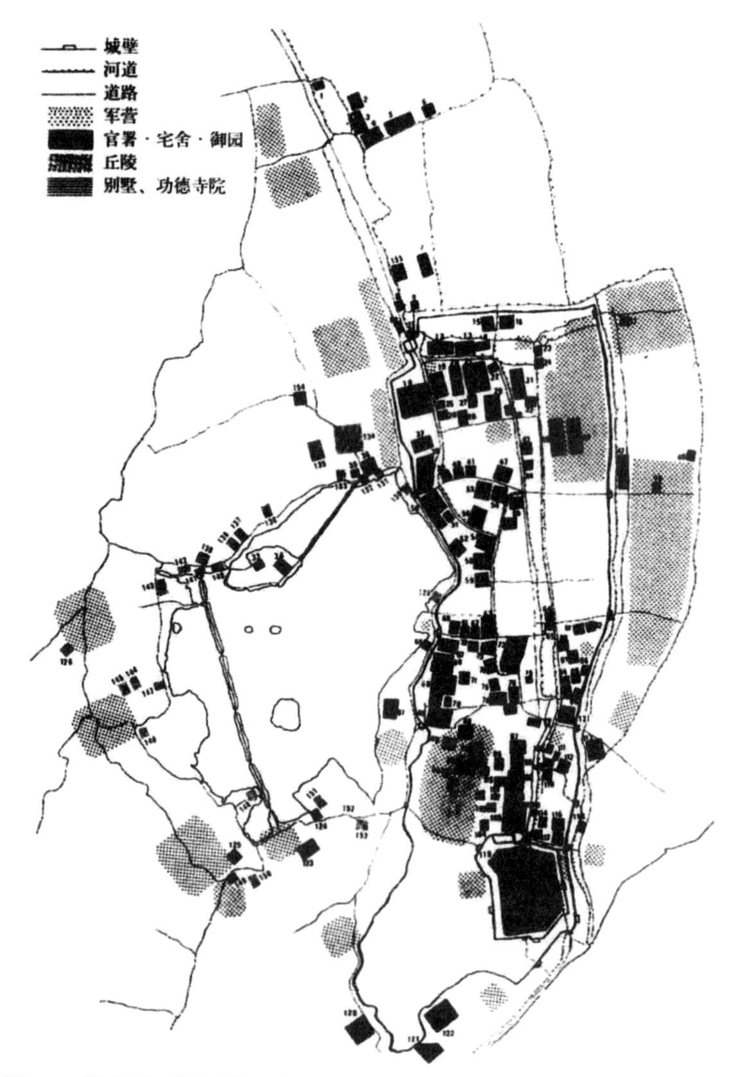

图 8　西湖周边不同功能区的聚落，斯波义信《宋代江南经济史研究》

川诸神16座，节义5座，仁贤6座，寓贤35座，古神祠9座，土俗诸祠29座，东京旧祠5座，外郡行祠16座，诸县神祀2座；道家宫观共34座，其中宫观24座，女冠8座，道堂2座；佛门寺院共492座，其中寺院448座（城内61座，城外387座），尼院31座，庵13座（图9）。在苏堤上，则分布着先贤堂、旌德观、三贤堂、崇真道院等礼教场所。这些寺庙、宫观、祠祀等场所在仪式活动线索下，形成了特定的叙事空间。如位于西湖东面的“显应观”，据《梦粱录》卷四“六月（崔真君诞辰附）”载，每年六月初六日崔府君诞辰日，游人涌集，皇帝要派使臣“降香设醮”，贵戚士庶也“多有献香化纸”之人[19]。四月八日的浴佛日更是引发了湖中的盛大集会，“四月八日为佛诞日，诸寺院各有浴佛会，僧尼辈竞以小盆贮铜像，浸以糖水，覆以花棚，铙钹交迎，遍往邸第富室以小杓浇灌，以求施利。是日西湖作放生会，舟楫甚盛，略如春附小舟，竞买龟鱼螺蚌放生”[20]。这些宗教祭拜仪式以及相关活动聚集于西湖和苏堤，并转换为相应的场所秩序。

节日庆典与游观活动赋予了苏堤更加丰富的含义和活力。据周密《武林旧事》卷第三“西湖游幸”中记载，“淳熙间，寿皇以天下养，每奉德寿三殿，游幸湖山，御大龙舟。宰执从官，以

19　徐吉军:《南宋都城临安》，杭州出版社，2008年，第96页。

20　［宋］周密:《武林旧事》，中国商业出版社，1982年，第46页。

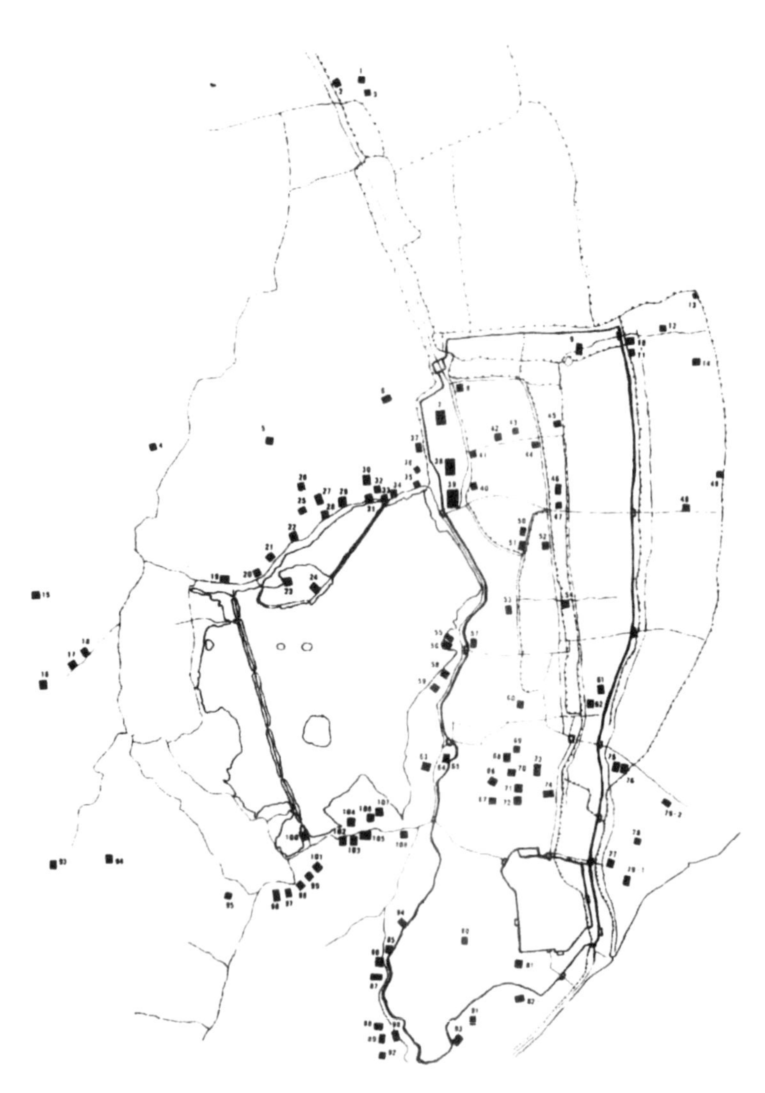

图9　南宋时期主要宫观寺院分布图，斯波义信《宋代江南经济史研究》

至大挡应奉诸司，及京府弹压等，各乘大就，无虑数百。时承平日久，乐与民同，凡游观买卖，皆无所禁”[21]。在这开放性的游观氛围中，游观活动和居民日常活动得以丰富。其中，如民间寒食节的折柳习俗源于北方，南渡后在临安逐渐传播开来，并在苏堤上形成了特定的折柳活动。《武林旧事》卷三载："清明前三日为寒食节，都城人家皆插柳满檐，虽小坊幽曲，亦青青可爱，大家则加枣馏于柳上，然多取之湖堤。有诗云：莫把青青都折尽，明朝更有出城人。"[22]端午之时，尽管炎暑即将到来，但是游湖的船只依然众多，"湖中是日游舫亦盛，盖迤选炎暑，宴游渐稀故也"[23]。即使在暑期，人们仍会在六月六日显应观崔府君诞辰之日，到湖中度日避暑。"自东都时庙食已盛。是日都人士女，骈集炷香，已而登舟泛湖，为避暑之游……益入夏则游船不复入里湖，多占蒲深柳密宽凉之地，披襟钓水，月上始还。或好事者则敞大舫，设蕲簟高枕取凉，栉发快浴，惟取适意。或留宿湖心，竟夕而归。"[24]可见当时西湖不仅是节日庆典和游观风景之地，更是日常生活的聚集之地。

游观风景的行为，还会引发关于意趣和精神寄托的表达。据《武林旧事》载，光尧（宋高宗）在断桥旁小酒肆中偶遇太学生

21　同上，第42页。
22　同上，第46页。
23　同上，第47页。
24　同上，第48页。

俞国宝醉笔写就《风入松》一事，高宗认为“明日再携残酒”略显儒酸，应将改为“明日重扶残醉”。通过这一事件，可见在酒肆中发生的日常诗词活动，足以说明当时文人观念对西湖及苏堤的建构作用。而诗歌“一春长费买花钱，日日醉湖边。玉骢惯识西泠路，骄嘶过，沽酒楼前。红杏香中歌舞，绿杨影里秋千，东风十里丽人天，花压鬓云偏。画船载取春归去，余情在，湖水湖烟。明日再携残酒，来寻陌上花钿”。不仅描绘了西湖的春日美景和人们的欢愉，也反映了当时人们内心的情感世界。

西湖及苏堤之上，既是各类商品的聚集之地，也是各地文化的汇集中心。在丰富的买卖活动中，很多商品承载着不同地域的文化与习俗。斯波义信在分析南宋杭州商业体系和商业中心时指出，以杭州为中心，形成了不同距离程度的“三个层次的市场圈”。这些市场圈汇聚了南到东南沿海、南海一带的舶来品，西到蜀地的药材，荆湘及江西内地产的木材、矿物、染料、油脂、漆，部分果品、绢、麻 制品等，北到河北信都的枣、固安的栗，河南汝南的菁草、龟甲，山西上党的石蜜等。同时，这些商贸活动也带来了各地独特的风俗文化。有川饭分茶和梓潼帝君社会等，在市内随处可见。还有闽人供奉的乡土神——圣妃庙巍然屹立、徽州祭神——五显神，四月八日还举办庙会、观桥的江西袁州仰山祠，仁和县署百万仓旁边的常州显祐庙，凤凰山和吴山一带以江商、海贾为主定居的豪华邸宅[25]。这些不同地区的商品，在商贸往来的同时，外来文化也随之参与到杭州的城市生活中，甚至是苏堤的场所营造中。在《武林旧事》的记载中，“买卖”除了“果蔬、羹酒、关扑……泥婴等湖中土宜”外，还包含“珠翠冠梳、销金称段、犀钿、承钮、髹漆、织藤、密器、玩具等物”。这些区别于湖中土宜之外的物品，多数是来自其他地方，甚至是海外。由此可见，苏堤一带丰富的买卖活动，在构建商业聚集场所的同时，也促使其成为一个多元文化的汇聚之地。

除上述提到的各种事件外，需要注意的是，西湖及苏堤之上还隐含着农业活动的线索。这一活动不仅是西湖及苏堤的基石，其中农业与水产劳作更构成了此地最为本真的聚集线索。在李嵩的《西湖图》中，从先贤堂到三贤堂一带的里湖区域，农田阡陌的景象清晰可见（图 10）。此外，在外湖区域，关于农人种菱的历史，自苏轼时代开始，直到南宋期间，都断续可寻。如绍兴八年（1138 年）二月，张澄下令禁止“包占农田，沃以粪土”。再到绍兴十七年（1147 年），宋高宗本人已注意到西湖被侵占为田地的严重情况，特意对身边的宰执大臣等人言道：“临安居民皆汲西湖。近来为人扑买作田，种菱藕之类，沃以粪秽，岂得为便？况诸库引而造酒，用于祭祀，尤非所宜。可禁止之。”之后，

25 ［日］斯波义信：《宋代江南经济史研究》，方健、何忠礼译，江苏人民出版社，2011 年，第 312 页。

图 10 先贤堂到三贤堂一带的里湖区域农田阡陌的景象，（传）［南宋］李嵩《西湖图》（局部），上海博物馆藏

汤鹏举在上奏的《撩湖事宜》中提到，“契勘西湖所种茭菱，往往于湖中取泥葑，夹和粪秽，包根坠种，及不时浇灌秽污。绍兴十七年六月申明：今后永不许请佃栽种。今来又复重置莲荷，填塞湖港。臣已将莲荷租课官钱并已除放讫。如有违犯之人，科罪；追赏有官人。具申朝廷，取旨施行”[26]。这些不同种类的农业种植活动，作为西湖及苏堤上最为基本的聚集形态，展现了关于聚集概念的意义深度。

另外，湖中船只的不同形态和用途，也表明了不同活动的聚

26 郑瑾：《杭州西湖治理史研究》，浙江大学出版社，2010 年，第 75 页。

集，在李嵩的《西湖图》中，多人撑篙的画舫和单人划桨的小舟并存，似乎是游观与劳作的交织。吴自牧在《梦粱录》的"湖船"一节中，详细记载了各类船只及其载运的活动。其中，涉及劳作活动的有，"渔庄岸小钓鱼船。湖中有撇网鸣榔打鱼船，湖中有放生龟鳖螺蚌船，并是瓜皮船也"[27]。"瓜皮船"所展现的捕鱼活动，进一步验证了湖中包含的水产劳作线索。这些作为人们生存需求的活动事件，同样构成了苏堤的城市属性和独特景观。

苏堤以一种意义层叠体系的形态，与城市生活中各类活动相对应。其中，苏堤水陆两个方面的交通便利性，作为推动城市局部聚集区域形成的决定性因素，赋予了这一区城独特的城市属性。随着人口聚居区的逐步形成，教化仪式、游观行为、商业活动以及日常生产劳作等事件的叠加，苏堤及其周边区域逐渐演化成为一个蕴含多重含义的城市景观场所。从城市聚集区域的视角来看，苏堤所体现的四方聚集属性，与杭州整座城市的深层逻辑高度契合。在城市发展的脉络中，从秦汉时期围绕在西湖群山山麓一侧的聚落，到在湖与江潮分离之后，主城区逐渐扩展至现今的区域，形成了山林与城市两种聚落形态围绕着西湖共生的结构秩序。西湖作为城市聚落的中心，其周边的居民主要依靠水路进行连接。而苏堤的修筑，则确立了西湖与城市从地理环境到人类生活世界的紧密联系。

27 ［宋］吴自牧:《梦粱录》，中国商业出版社，1982 年，第 101 页。

苏堤及其“六桥”，不仅是人们日常交往的聚集之地，更是不同空间和时间下文化与观念的交汇之处。正如徐吉军对杭州作为南宋都城的分析所揭示的，他通过引用蔡襄、欧阳修、晁补之等人的文献，有力地证明了交通便利性对城市聚集性的重要影响。蔡襄在《杭州新作双门记》中提到，“杭州，二浙为大州，提支郡数十，而道通四方，海外诸国，物资丛居，行商往来，俗用不一”。欧阳修在《有美堂记》中写道：“若乃四方之所聚，百货之所交，物盛人众，为一都会，而又能兼有山水之美，以资富贵之娱者，惟金陵、钱塘。”而晁补之《七述》也写道：“杭之故封，左浙江，右具区，北大海，南天目，万川之所交会，万山之所重复，或濑或湍，或湾或渊，或岐或孤，或袤或连，滔滔汤汤，浑浑洋洋，累累浪浪，隆隆印印，若金城天府之疆。其民既庶而有余，既狡而多娱。可导可疏，可航可桴，可跂可逾，可楼可车，若九州三山，接乎人世之庐，连延迤逦，环二十里。”[28] 这些文献记载，进一步验证了地理区位与交通的便利性在杭州城市发展中的核心作用。同时，山水之美也被提到了和地理区位及交通便利性同等重要的高度，共同推动了城市的繁荣与人口聚集。

28　徐吉军：《南宋都城临安》，杭州出版社，2008 年，第 10 页。

第三节　苏堤在城市性表达中的转换

支配苏堤及其场所转换的理论和实践，其核心在于坚持“区分性差异原则”[29]。这一原则将切分与对比引入苏堤不同的线索中，得以显示苏堤作为圩田系统观念的持久性和非连续性再现的可理解性。尽管圩田系统中的各种观念最初是简单的，但是它们足以使人们能够把各种事件看成是有区别的。这种区别既作为分类系统的参照，又是产生形式特征的基础。

苏堤在城市性的表达中，其内在的转换机制并非由其固有特征来决定，而是在于保证那些偶然性事件之间的对立与关联。在城市交通系统的线索中，苏堤凭借其独特的地理位置，在城市格局中成为城市与湖山之间的交汇点。早期苏堤之上的“六桥”与“九亭”，不仅为城市生活提供了最初的聚集性空间，同时连通属性与聚集属性并存。

长堤之中的连通属性与聚集属性，依据区分性差异原则，在各种不同事件的作用下持续转换。前者不断地建构着城市公共空间的聚集性，而后者则反向作用于前者交通层面的连通属性。连通属性与聚集属性作为对立要素，二者之间形成一种逻辑上的等价互换关系。在南宋时期，苏堤上新增的各种公共空间与场所，

29　区分性差异原则，作为图腾制图（秩序）转换的形式条件，同时也是将“切分”和“对比”引入显示内容的必要基础。详细参见列维·斯特劳斯（Claude Levi-Strauss）：《野性的思维》，李幼蒸译，中国人民大学出版社，2006年。

进一步增强了苏堤的聚集属性，同时也促使苏堤的连通属性发生转变。于是，连通性和聚集性在不同编类目录下相互转换，使得看似矛盾与对立的诸异质性要素得到统一，从而形成一种多层面诉求并存的场所组织方式。

苏堤包含的连通和聚集属性，在一系列事件的参与下，形成了意义丰富的城市区域聚集中心。通过比较杭州城内中心区与围绕苏堤形成的中心区，分析二者之间的相似性与差异性，进而阐释苏堤的普遍性和特殊性因素。

首先，关于南宋杭州城内中心区的形成，在《宋代江南经济史研究》一书中，斯波义信指出，在以运河为基础的主要交通体系上，依靠其交通便利性，在南北货物集散地（北为城外西北郊的张江桥、湖州市一带，南为城东南郊，侯潮门外、浑水闸一带）的作用下，形成以盐桥运河为基础的南北轴线，以及直接辅助的市河和御街为主的中心区域。同时，还有间接辅助的城东菜市河、外沙河，以及清波门外引西湖水的清湖河形成的辐射区域，整体形成一个以水路交通为基础的网络结构。在这些区域中，一旦经济活动集中发挥功能，商业中心区则会自然形成，而相应的娱乐场所、金融店铺等也会与交通路径相互叠加[30]（图11）。从斯波义信的分析中，可以发现运河带来的交通便利性，

30 ［日］斯波义信:《宋代江南经济史研究》，方健、何忠礼译，江苏人民出版社，2012 年，第 326 页。

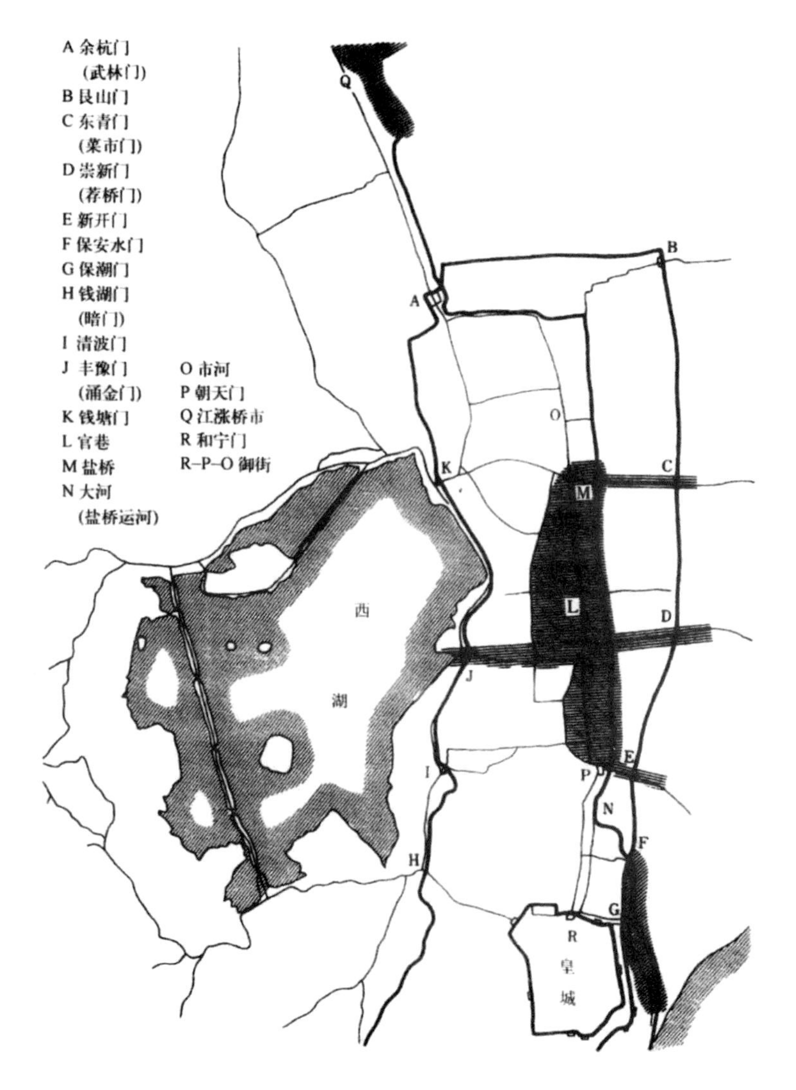

图 11 以主要交通系统为基础的商业中心区，斯波仪信《宋代江南经济史研究》

作为一种基础性的因素决定了城市中心区域的形成。这一交通便利性，能够使南北货物集散地的货物快速地进入到城市内部，并且有效地分散到城市的各区域中。在这一过程中，与此相关的各种活动也会聚集于此，形成了一种多重含义的中心聚集区。

围绕苏堤形成的中心区域与城内中心区实际上是一种同态关系。虽然二者面对的地理环境和历史背景有所不同，但是，从交通便利性的角度来说，城内中心区以盐桥运河（大河）、市河（中河）及御街形成的水、陆交通体系，贯穿于城市内部南北两端，形成了以此为线索的聚集区域。在城内中心区相继产生的东西向的水路（菜市河、外沙河、清湖河）与陆路，不仅分散了人流，也起到了聚集作用，将周边区域的居民引导于此。同样，在以西湖为中心的城市格局中，苏堤作为连接南北二山之间的陆路，也起到了汇聚此区域中各种活动和事件的作用。苏堤及其“六桥”，不仅连接了里湖和外湖，也将与此相关的居民及其活动在此分散和汇聚。因此，城内的中心区域与围绕苏堤形成的湖中聚集区在逻辑上具有一定的相似性，这些区域都是基于农业水利系统中出现的连通性与聚集性而形成。然而，由于偶然性事件和独特地理环境的影响，这些区域会形成各自特征的品质。这种差异也造就了区域中心区的独特性。

从苏堤的偶然性事件和地理环境来看，其聚集性主要来自教化仪式和游观风景两个方面。南宋时期，苏堤上建造了众多祠寺和宫观，并作为教化仪式的现实载体。同时西湖及苏堤还承担着各类时节的节日庆典，这些事件和活动一同形成教化仪式的叙事线索。在这一线索下，伴随着教化活动产生了买卖、娱乐、约会等日常集会活动。此外，由于苏堤独特的地理环境，孕育了理想的山水构造形式，其既影响了苏堤纪念性园林的布局，也塑造了人们的游观风景行为。教化仪式与游观风景这两方面的因素，在不同事件或活动的参与下，以多样化的形态演变和转换，并深入到人们的生活和观念中。

从斯波义信对文化层面形成的聚集区域的分析来看，他按照高层文化（great tradition）与民众文化（little tradition）的分类标准，即官方、礼仪性的与大众、日常性的，对城市中的构成元素进行分区[31]。尽管这种方式不会得到明确的区域形态和范围，但是可以把作用于城市构成的线索显示出来。他指出，官方文化为分布于城市各处的宫城、诸官衙、仪礼设施、城墙、城门、大道、御街等。在城内北半部，以礼部贡院为中心的学术机构集中，形成了由国子监、太学、武学、宗学等构成的文教中心，这一区域还吸引了相应的著名书籍店和上等衣冠、服饰商店的聚集。以民间信仰为对象形成的宗教设置，既有原有土著居民的文化宗教信仰，也有迁移而来的各地官方与商人的文化习俗和宗教信仰。同时还有因日常消费、娱乐形成的文化区，这些酒肆和瓦子又根据不同人群的消费能力和习惯，以及生活方式和意趣的不

31　同上，第 342—344 页。

同，分布在不同区域[32]。由此可见，构成城市整体的各要素按照不同的分类标准交织在一起。在以文化机构为主的线索中，也会带有商业、娱乐等活动的聚集。这就说明，不论是在苏堤的教化仪式线索中，还是斯波义信分析的文化建筑中，不同类型的活动和事件以聚集属性为依据，则会形成同一类别。然而，这些异质性的事件和活动，并不会因聚集性的突出而失去自身的其他属性。分类标准不同，显示的区域形态和特征也会有所差异。在城市现实中，这些分类标准下的区域或多或少会与其他分类标准下的区域交叠在一起。而分类的目的，则是为了将城市的构成元素和组织方式引出来。

这种现象同样存在于城区的居住聚集区，不同区域的构成元素结合人们的自身需求，在不同区域之中相互转换。斯波义信指出，官绅区的形成需要参考两大因素：一是居住地地理条件的优劣；二是行政、军事上的城市化要素。皇室、贵族、大臣、富商等居住在城内适宜居住的地段，如吴山麓、六井周围、钱塘门一带，还有交通不太方便的西湖湖畔沿岸地块。这些地块因风景优美而获得人们的青睐，其中也有宜于防卫、紧邻文教中心、基础设施完善等原因。其次是围绕商业和金融中心的区域，繁荣的经济中心吸引了大量的上流社会阶层。关于一般民众的居住区，由于他们所从事行业的种类不同，分布在城市中不同的区域。龙眼

32 同上，第 342—344 页。

和香药、珍珠之类的福建、广东特产集中在柴垛桥的南瓦子、中瓦子一带，形成了包括旅馆、商店、贸易商等的闽、广人聚居地区。五间楼酒楼往北到日新楼酒坊一带，金融商店铺鳞次栉比，温州产的漆器铺散布其间，山西、开封、四川、徽州、苏州等地的金融业人士也聚集于此。北瓦子、宗学一带，是药店、书籍印刷贩卖店及艺人居住区。普通民众，不论是商人、军人还是百姓，他们一般都聚集在居住条件不良的区域中[33]。通过斯波义信的分析，可以看出，官绅区内部不同聚集区域的形成，是按照不同人群自身的需求，将地理环境、行政与军事等因素，在生活这条线索下，尽可能符合现实需求而汇聚在一起。这些不同居住聚集区的观念，构成了某种片段的结构关系，它们使人们有可能按照城市构造的形式来确保每一层次内容的可转换性。于苏堤的城市性来说，在游观活动、教化仪式和日常集会三个层面的内容中，片段结构的调节作用能够使得各层面的秩序系统得到转换，并形成一种新的结构表达。

关于苏堤的属性及其转换方式，同样潜藏在不同的分类标准下。就城市性而言，在《武林旧事》中，周密以地形空间格局为基础，风景为线索，将苏堤划分到“湖中三堤路”（其中之一为苏堤）的景区系列中。如果将苏堤放到城市日常生活的层面来看，按照文献中记载的南宋生活状态，游观活动不仅仅是观赏

33 同上，第325—330页。

风景，还伴随着其他诸系列活动的产生，如“都人凡缔姻、赛社、会亲、送葬、经会、献神、仕宦、恩赏之经营、禁省台府之嘱托，贵珰要地，大贾豪民，买笑千金，呼卢百万，以至痴儿骏子，密约幽期，无不在焉”[34]。文献中记载的不同层面的活动与事件，表明了西湖及苏堤所包含的多层秩序系统与其城内各类属性的中心区域是等价的，它们都充满了各种城市生活的细节，一同构成了城市的内涵与品质。

苏堤及其纪念性的祠堂、宫观与私人宅院，既是官方的礼教中心，也是人们日常活动的买卖集会中心。同时也是文人寄情山水、吟诗作画，百姓纳凉、约会、垂钓的私人场所。

结合以上各区域的组合关系来看，所涉及的各区域均是按照人们的观念和意图形成某种组合关系，并为其赋予意义。苏堤作为人类介入自然的结果，按照各种观念和实践的形式，为场地和环境赋予了不同的意义。反之苏堤作为人类的思维对象，人们通过对各种事物的理解与把握，将其归结为各种概念，以便达到一个非预先决定的系统。简单来说，就是将苏堤作为一种媒介，城市借助此媒介试图阐释关于聚集性逻辑秩序的现实。

34 ［宋］周密:《武林旧事》，中国商业出版社，1982年，第43页。

第五章　六桥横绝——苏堤与城市景观场所

太山秋毫两无穷，钜细本出相形中。大千起灭一尘里，未觉杭颍谁雌雄。我在钱塘拓湖渌，大堤士女急昌丰。六桥横绝天汉上，北山始与南屏通。忽惊二十五万丈，老葑席卷苍云空。揭来颍尾弄秋色，一水萦带昭灵宫。坐思吴越不可到，借君月斧修曈昽。二十四桥亦何有，换此十顷玻璃风。雷塘水干禾黍满，宝钗耕出余鸾龙。明年诗客来吊古，伴我霜夜号秋虫。

在《轼在颍州与赵德麟同治西湖未成改扬州三月十六日湖成德麟有诗见怀次韵》一诗中，苏轼通过追忆西湖苏堤的修筑，表达了对苏堤的诗意想象和美好期望。诗中“大堤士女争昌丰、六桥横绝天汉上”，描绘了一种富有诗意的城市生活场景，将现实与理想相互叠加。这一过程恰巧预示了此后苏堤作为城市性景观场所的表达。

苏堤连接南北两山，不仅改变了原有的地理格局，更激活了城市公共景观场所的潜力。堤上祠庙、宫观、道院、私园的修建，提供了多样化的活动方式，同时也为其他活动的发生增加了可能性。随着时间的推移，各种城市生活内容不断融入，苏堤的场所属性被不断丰富和改写。因此，在历史事件和地理环境双重因素的作用下，堤上公共园林的建造，人文山水精神的注入，以及普通市民个人意趣的表达，共同促使苏堤形成新的组合关系。

第一节　白堤的启示

在“湖中三堤路”中，其中之一的“孤山路”，即今天的白堤，是西湖中最为古老的堤岸理景场所。关于白堤的起源，时至今日，众说纷纭，有的认为是出于交通之需，有的说是为了蓄水，还有的则认为是潮水冲积而成。唐代诗人白居易也曾疑惑不解，“谁开湖寺西南路，草绿裙腰一道斜”。针对这一疑问，乐祖谋在《西湖白堤考》一文中进行了深入研究，指出白堤在历代文献中也没有明确的定论，并且否定了其作为交通需求、蓄水灌溉、游览场所等方面的因素。他通过对自然地理特征的分析，阐释了孤山对水沙运动规律的影响，得出白堤为泥沙自然堆积而成的结论[1]。在随后的年代里，白堤经过人们持续不断地修缮与使

1　乐祖谋:《西湖白堤考》,《浙江学刊》1982 年第 4 期，第 118—121 页。

用，形成了一道独特的风景，为西湖理景方面提供了重要的启示作用。

关于白堤在风景构造方面的形式，在白居易的《钱塘湖春行》中可以获得一定的启示，“孤山寺北贾亭西，水面初平云脚低。几处早莺争暖树，谁家新燕啄春泥。乱花渐欲迷人眼，浅草才能没马蹄。最爱湖东行不足，绿杨阴里白沙堤”。白居易通过对白堤要素进行提取与编配，点明了白堤景观场所的构造关系。孤山寺、贾亭、水面、云脚、早莺、暖树、新燕、春泥、乱花、浅草、马蹄、绿杨、白沙堤（今白堤）等要素，在诗中按照三条主要线索进行组合：（1）孤山寺和贾亭所承载的特定公共活动。（2）早春时节引发的特定景象和游观活动。（3）地理环境塑造的两种视野，一是远观，即从堤上望向湖面，“水面初平云脚低”，呈清旷之意；二是内观，白沙堤内部的景色被描写的细致具体，逐层推进，早莺、树木、新燕、乱花、浅草等元素，共同构筑了堤岸内部的空间形式。这些要素在不同线索的组合下，凸显了城市生活与湖山景观交织在一起形成的独特景观场所形式与氛围，揭示了西湖堤岸景观场所的理景原理。

白居易诗中所揭示的关于“白堤”的理景原理涉及了两个层面的内容，其一为堤上各种活动的上演，逐渐形成相应的空间形式；其二是对白堤及其相关周边要素地理环境特征的梳理与总结。这一原理显示了白堤在城市和自然二者之间的具体指向，并且将延续至“白公堤”的场所营造中。

在唐穆宗长庆二年（822 年），白居易出任杭州刺史。时年受旱灾影响，促使他开始了对西湖的治理工作，主要包括疏通“六井”和修筑堤坝水闸。其中，最为关键的是“白公堤”的修筑。关于“白公堤”和人们通常所说的“白堤”的渊源，《湖山便览》中有明确记载:“白公堤在钱塘门外，由石函桥迤北至余杭门，旧湖水东溢，与江流通。唐白居易筑此堤隔绝江水，堤以东号为下湖。蓄上湖之水，渐次达下湖，以灌民田，杭人利焉。李公《西湖志》云：此堤实白公所筑，与白沙堤绝不相涉。石函桥外，堤迹尚存，今人多以白沙堤为白堤，误也。”[2] 白公堤不仅为钱塘（杭州）至盐官（海宁）一带的农田提供了充足的灌溉水源，解决了居民农业生产用水问题，同时也塑造了西湖的独特的自然景致。

白公堤，作为西湖中人工堤岸景观场所的最早范型，同样涵纳了水利和城市两个层面的性质。明人张岱在《西湖梦寻》卷一《西湖北路•玉莲亭》中记道:“白乐天守杭州，政平讼简。贫民有犯法者，于西湖种树数株。富民有赎罪者，令于西湖开葑田数亩。历任多年，湖葑尽拓，树木成荫……右折而北，为缆舟亭，楼船鳞集，高柳长堤。游人至此买舫入湖者，喧阗如市……园中有楼，倚窗南望，沙际水明，常见浴凫数百出没波心，此景

2 ［清］翟灏等辑:《湖山便览》，上海古籍出版社，1998 年，第 78 页。

幽绝。”[3] 以及姜夔《湖上寓居》也有关于湖堤场景的描述，“湖上风恬月淡时，卧看云影入玻璃。轻舟忽向窗前过，摇动青芦一两枝。秋云低结乱山愁，千顷银波凝不流。堤畔画船堤上马，绿杨风里两悠悠。处士风流不并时，移家相近若相依。夜凉一舸孤山下，林黑草深萤火飞。卧榻看山绿涨天，角门长泊钓鱼船。而今渐欲抛尘事，未了菟裘一怅然”[4]。其中“喧阗如市”“堤畔画船堤上马”，都是关于白公堤城市性的描写。由此可见，西湖及白公堤在白居易的经营下，水利设施、风景及城市集会相互融合，白公堤从最初的水利设施逐渐转换为一个包含自然诗意的城市聚集场所。

构成景观场所的深层逻辑，事实上是中国传统风景构造所承袭的一种语言，这套语言在观念上超越尺度和形态的绝对度量，在不同的场所中，展现为各构成要素之间的组合关系。在《冷泉亭记》中，白居易论述了“冷泉亭”的构成形式和杭州地理结构之间的关联，呈现出不同尺度景观场所之间的转换关系。

> 东南山水，余杭郡为最。就郡言，灵隐寺为尤。由寺观，冷泉亭为甲。亭在山下，水中央，寺西南隅。高不倍寻，广不累丈；而撮奇得要，地搜胜概，物无遁

3 ［明］张岱:《西湖梦寻》，路伟、郑凌峰点校，浙江古籍出版社，2018 年，第 7 页。

4 ［清］翟灏等辑:《湖山便览》，上海古籍出版社，1998 年，第 80 页。

形。春之日，吾爱其草薰薰，木欣欣，可以导和纳粹，畅人血气。夏之夜，吾爱其泉渟渟，风泠泠，可以蠲烦析酲，起人心情。山树为盖，岩石为屏，云从栋生，水与阶平。坐而玩之者，可濯足于床下；卧而狎之者，可垂钓于枕上。矧又潺湲洁彻，粹冷柔滑。若俗士，若道人，眼耳之尘，心舌之垢，不待盥涤，见辄除去。潜利阴益，咳胜言哉？斯所以最余杭而甲灵隐也。杭自郡城抵四封，丛山复湖，易为形胜。先是，领郡者，有相里尹造作虚白亭，有韩仆射皋作候仙亭，有裴庶子棠棣作观风亭，有卢给事元辅作见山亭，及右司郎中河南元藇最后作此亭。于是五亭相望，如指之列，可谓佳境殚矣，能事毕矣。后来者，虽有敏心巧目，无所加焉。故吾继之，述而不作。长庆三年，八月十三日记。

从东南山水“冷泉亭”为甲，到杭州“丛山复湖，易为形胜”的地理特征。整个过程中，“亭”作为各种自然事物的连接点，将自然环境中的诸多线索相互叠加交织，形成一个相互关联的结构体，它是一个关于空间、事件以及想象的“意指性结构”。从“坐而玩之者，可濯足于床下；卧而狎之者，可垂钓于枕上”到“矧又潺湲洁彻，粹冷柔滑。若俗士，若道人，眼耳之尘，心舌之垢，不待盥涤，见辄除去”，以一种更为具体的身体体验展现了空间层面的物质和精神表达。日常与自然的界限被打破，观念与现实互为转换，日常体验与精神寄托同步实现。于是从山复湖的地理形态，与虚白亭、候仙亭、观风亭、见山亭、作比亭五亭，在语言的组合逻辑上相互呼应。或者说，冷泉亭指向的结构形态本质上就是从山复湖的具体写照。

西湖及其堤岸在当时作为城市水利基础设施，与人们的生活紧密相连。生活的琐碎与繁杂，对于西湖及其堤岸来说，其不仅是水利设施，也是与生活相关的诸系列线索叠加的城市公共生活空间。这一关系作为历代西湖景观场所营造生生不息的核心动力，不断地丰富着西湖景观场所的形态和意义，同时也为西湖及苏堤的城市景观场所营造提供着经验和想象。

第二节　结园成市

长期以来，关于园林的概念，人们以现有明清园林遗存为认识的主要来源，并将其作为一种既定建筑类型进行分析，这在一定程度上导致园林概念的单一化和贫乏化。然而，在历史文献中，记录了众多关于园林多样性的存在状况。特别是在唐宋时期，园林在用途和格局上与现有传统园林遗存有着显著差异。这种差异有助于我们重新认识和理解关于中国传统园林的概念。

以城市公共园林为线索，通过对其所承载的不同功能与含义进行分析，探寻公共园林布局形式的普适意义，可以导向一种关于异质性园林如何构成的思考方向。杭州的园林建筑有着悠久的历史，最早可以追溯到隋、唐时期。在《杭州城池暨西湖历史图说》中，阙维民详细描述了南宋及其之前杭州园林建筑的概况。

> 经过隋、唐、吴越国的长期经营，至南宋时，京城临安府（杭州）城内外的园林建设已 经具有相当规模，其中的楼观、园馆等园林建筑，具有强烈的地方特色，吸引着海内外游客。南宋京城内外的园林建筑包括建于隋唐以来的“旧治古迹”，如“坐见海门山”的虚白堂、“气飘闻赤壁，语胜踊黄楼”的中和堂、以“地有湖山美，东南第一州”命名的有美堂、“高明之居”的清暑堂、“岩树罗阶下”的因岩亭、“朱轩野径连”的忘筌亭、“亭阶临水面”的碧波亭、“武林天下奇，巽亭境中绝”的南园巽亭、“左江右湖”的介亭、“直望海门”的清风亭，以及曲水亭和望越亭。此外还有“最超出州宅及园圃”的高斋、“台榭绕官曹”的东楼、“看山倚门户，待月阐东扉”的清辉楼以及云涛观、石林轩、红梅阁、讲易堂、简乐堂、承化堂、恕堂、玉莲堂、竹山阁和爱民堂等等。这些古迹，大多数至南宋仍然存在，但其中的许多亭台已经毁灭，仅剩遗迹而已。
>
> 南宋京城内外园林建筑中重要的楼观有“去钱塘门一里”“听水分他界，看云过别山”的望湖楼（看经楼），有“大佛头缆船石山后”的十三间楼，有丰豫门上的涌

> 金楼、丰豫门外的丰乐楼（耸翠楼）和湖堂、孤山的三贤堂，还有先贤堂、德生堂、江湖伟观、隆礼亭、敦礼亭、崇礼亭、潺湲亭、通远亭、橘园亭、御舟亭、安济亭和浙江亭等。重要的园馆有水月园、秀野园、真珠园、长桥南园、玉壶园、环碧园、择胜园和湖曲园等。而皇家“苑圃”主要有清波门外的聚景园、嘉会门外的玉津园、新门外之东的富景园、钱湖门外南新路的翠芳园和钱塘门外的玉壶园等。[5]

阙维民指出，至南宋时期，园林建设已经具有相当规模且有着强烈的地方特色。从园林建筑与城市营造的关系来看，园林建设规模相当的意义在于，园林建筑作为城市营造中极为重要且分布广泛的组成部分，与其他城市元素作为等价要素一并构成城市。地方特色则指向于杭州地理环境特征被巧妙地转换为空间形式，并以“堂”“亭”“楼”“园”等建筑类型实现。在“堂”一类的建筑中，其用途不仅限于欣赏风景，而且还是承载教化仪式、日常集会的重要场所。例如，苏堤上的“先贤堂”“湖山堂”“三贤堂”等。由此可见，在城市整体中，相当规模的园林建筑及其承载着不同的功能与用途，一定程度上表明了它们在城

5　阙维民编著:《杭州城池暨西湖历史图说》，浙江人民出版社，2000 年，第 48 页。

市构成中的普遍性意义。

关于城市公共园林在功能和用途上的特征，它们在早期阶段便展现出了多重意涵。在《中国古代园林的公共性特征及其对城市生活的影响——以宋代园林为例》一文中，王劲韬指出，“对古代中国帝王而言，制礼作乐、教化万民最直接有效的形式之一，便是兴建园林并‘与民同之’”。随后，他又指出营造园林和与民为乐之间的具体教化方式:“故而,《诗经》: 经始灵台，经之营之。庶民攻之，不日成之。经始勿亟，庶民子来。王在灵囿，麀鹿攸伏。麀鹿濯濯，白鸟翯翯。王在灵沼，于牣鱼跃。孟子认为，‘文王以民力为台，为沼，而民欢乐之，谓其台曰：灵台。谓其沼曰：灵沼，乐其有麋鹿鱼鳖。古之人与民偕乐，故能乐也’。”[6] 可以看出，国家对于子民的教化，最有效的方式之一则是公共园林中的游观活动。于是，园林建筑作为教化场所，包含了“仪式”与“游览”的双重属性。

对于这一双重性，在上古时期的上巳节中，分别表现为农业丰收、子嗣繁衍等方面的祈福与祭祀，以及洗濯、宴饮等相关游览活动。如唐人李淖在《秦中岁时记》中写道:“上巳（农历三月初三），赐宴曲江，都人于江头禊饮，践踏青草，谓之踏青履。”其中就包含了关于祭祀和公共游览两个层面的内容。随着

6 王劲韬:《中国古代园林的公共性特征及其对城市生活的影响——以宋代园林为例》,《中国园林》第 27 卷第 5 期，2011，第 68—72 页。

时间的推移，二者不断融合衍变，形成了以教化活动、节日庆典等为主要形式的仪式活动，以及相应的民间游观活动。在《梦粱录》中则可以看到这一概念的具体演变，“三月三日上巳之辰，曲水流觞故事，起于晋时。唐朝赐宴曲江，倾都禊饮踏青，亦是此意……杜甫《丽人行》云，‘三月三日天气新，长安水边丽人行’，形容此景，至今令人爱慕。兼之此日正遇北极佑圣真君圣诞之日……诸宫道宇，俱设醮事，上祈国泰，下保民安。诸军寨及殿司衙奉侍香火者，皆安排社会，结缚台阁，迎列于道，观睹者纷纷”[7]。从中可知，仪式与游览逐渐趋向于日常化的表达方式。同时，也从更为宏观的视角，显示了游观活动与园林建筑更为普遍和紧密的联系。

关于教化活动的双重属性，一旦其中之一受到影响，其整体性质则会发生转向。在《空间、仪式与集体记忆——宋代公共园林教化空间的类型与活动研究》一文中，毛华松与屈婧雅指出，秦汉时期国家礼制空间的威权式思想教化机制，在宋代渐趋向细致具体、贴近百姓日常的社会教化转型，由公共园林充当教化下移的重要载体，以名贤祠庙与园圃、名贤遗迹景点、复合式景区等形态出现，通过祝圣放生、射礼和官民遨游等活动形式，推广了礼制规范，培育了地方居民对教化的集体认同[8]。在宋代国家礼

7 ［宋］吴自牧:《梦粱录》，中国商业出版社，1982 年，第 8 页。

8 毛华松、屈婧雅:《空间、仪式与集体记忆——宋代公共园林教化空间的类型与活动研究》,《中国园林》第 33 卷第 12 期，2017 年，第 104—108 页。

制空间的教化机制趋向于以细致具体、贴近百姓日常的社会教化转型过程中，预示了以游观寓教化的方式开始反转。南宋时期，西湖作为城市中主要的公共园林，其与城市各方面的紧密联系，以至于日常集会与游观行为超越了教化仪式的范畴，从而瓦解了以游观寓教化的结构秩序。于是，与其说西湖及苏堤上的祠庙和宫观承担着特定的教化作用，不如说苏堤及其公共园林逐渐转变为日常生活的聚集之地。

在这一背景下，苏堤及其纪念性园林的普遍性意义得以显现。原因在于其承载了城市生活中的仪式、游观、日常集会以及个人情感寄托等诸活动。尤其是祠堂、道院与书院功能的园林建筑，这一类型的建筑将官方教化、民间习俗、日常生活、山水诗意融合在一起，形成一种包含风景机制的城市公共空间形式。在徐吉军的《南宋都城临安》一书中，详细记载了苏堤一带园林建筑的相关信息。有竹水院、先贤堂（旌德观）、湖山堂、三贤堂、雪江书堂、崇真道堂、松窗等 7 处公共建筑及私人宅院[9]。这些性质差异、功能各异的园林建筑，共同塑造了苏堤的多重意涵。

位于苏堤第一桥映波桥的西面，为先贤堂，也称旌德观。既是纪念先贤的祠堂，又是道家修行的道院，两种性质相异的功能并置于此。

---

9 详细记录了西湖三堤路一带的公共园林和私家宅院，指出了各处建筑的位置、起源、特征、用途及形态等相关细节。详见徐吉军:《南宋都城临安》，杭州出版社，2008 年，第 349—354 页。

宝庆二年（1226年），知府袁韶请于朝，以会稽（今绍兴）、金陵（今南京）两地建有先贤祠，而“杭居吴会，为列城冠，湖山清丽，瑞气扶舆，人杰代生，踵武相望，祠祀未建，实为阙文。仰惟圣神，御极万化，维新饰治，以文增光儒道，其在首善之地，若兹逸礼庸，可不搜举而振起之”。在得到朝廷的允准后，他以公款向居民购得这里的园屋，建堂以表彰本郡的“忠臣孝子、善士名流、有德行节义、学问功业足以表世厉俗者”，祭祀本郡“全节之士”自许由以下三十四人，“妇女之以孝烈著者五人”，共三十九人，辑录他们平生的事迹，刻石作赞，陈列在堂室之中，以替代过去的画像。到了宝庆三年（1227年），理宗诏改先贤堂额为“旌德观”，中书王塈为之作记。旌德观中有西湖道院。院之侧有亭名“虚舟”，堂名“云锦”。[10]

先贤堂的功能变更并不受限于其建筑形式，不论是作为纪念祠堂，还是宗教道院，这些不同功能的实现似乎与园林的格局没有直接的关联。这一关系表明了园林建筑形式的适应性。同样，在三贤堂的场地变迁历程中，也可以观察到类似的现象，即其功能与园林空间形式的相互适应。

10　徐吉军:《南宋都城临安》，杭州出版社，2008年，第350页。

> 三贤堂为纪念白居易、林和靖和苏东坡的祠堂，北宋时在孤山竹阁。乾道五年（1169年），周淙因孤山建造延祥观而将祠附于水仙王庙东庑。嘉定十五年（1222年），知府袁韶以为“三贤道德名节震耀今古，而祠附于水仙庙东庑，则何以崇教化，励风俗”遂买居民废址，在苏堤望山桥侧建造堂宇，以奉三贤，使其成为“尊礼名胜之所”。[11]

通过对先贤堂和三贤堂中能够适应不同功能的分析，表明公共园林中的具体活动与空间格局之间并无特定的关联。而这些园林建筑的布局与湖山的地理环境特征高度契合。在《梦粱录》的记载中，先贤堂由一系列性质差异的场所组成，“入其门，一径萦纡，花木蔽翳，亭馆相望，来者由振衣，历古香，循清风，登山亭，憩流芳，而后至祠下。又徙玉晨道馆于祠之艮隅，以奉洒扫，易匾日‘旌德’，且为门便其往来。直门为堂，匾曰‘仰高’”[12]。其间由曲折、高下的运动节奏和视线控制配合，将隐含在其中既抽象又具体的结构线索显示出来（图12）。这种结构线索与外部的地理环境特征相似，即“其地前挹平湖，四山环合，景象窈深，惟堂滨湖”。此外，湖山堂在一种相对宏大的视野下，

11　同上，第351—352页。

12　同上，第350页。

图 12　先贤堂，［元］佚名《西湖清趣图》（局部），美国弗利尔美术馆藏

展现出端闳之气势。冈峦奔趋与水光滉漾的宏大之象聚于湖山堂之中，具体以雷峰、保俶和南北两高四浮图，以及芙渠、菰蒲等元素的组合，回应端闳之气势。后而潜说友增建水阁六楹，又将堂增扩为四楹，经此修补与增建，盖迩延远挹，从而实现尽纳千山万景的度量。可以看到，园林的布局参照了周遭环境的山水格局。在三贤堂中，则是通过三个堂匾，即“水西云北”“月香水影”“晴光雨色”，概括了“盖堂宇参错，亭馆临堤，种植花竹，以显清概”[13]的具体意义指向。堂匾内容作为点景的方式，其所

13　同上，第 351 页。

呈现的空间诗意景象，则是依靠堂宇参错，亭馆临堤这一具体组合关系得以实现。

公共园林的布局反映了地理环境对园林建筑的影响。人们将对地理环境特征的理解转换为一种建筑语言的图式，不仅实现了以殿堂之小见湖山之大的意识转换，还通过一系列如夷旷、静深、萦纡、蔽翳、清旷、深窈、端闳、参错、清概等相似的组合方式，将地理环境特征进行转换，形成了一套园林建筑布局的组合通则。

在当下，冯纪忠在杭州西湖设计的花港茶室，似乎同享这一原理。茶室依临西湖水，船只游动，远处为雷峰塔、苏堤等。刘仲指出，花港茶室以“旷奥之法”将西湖自然元素进行“点景”和“组景”，以实现茶室与湖山的精神互通。在具体的组织空间关系中，刘仲提到的花港茶室布局关系的转变，印证了地理环境特征对建筑布局的影响。

（花港茶室）东隔小南湖而远眺苏堤的“映波桥”，更远一个层次是“雷峰夕照”，但主要是水，西面和南面都是山。但前者是远山而后者是近山……观察分析周边不同景色的特征，从而反复地推敲，后决定花港的外部空间的组织。其中一个比较突出的例子，原本我们是把临水的部分将屋面压低，使水面的反光能反映在屋面的天花面上，面山部分的两层出廊以“登高远眺”。早

> 晨一上班冯师就赶来提出把主体部分转个180度翻过来，道理就在于他重新审视面山和临水两面风景的特征，认为山这面上宜近观，因为望山的天际线和林冠线不美，应把视线压低，而临水这面适合远眺，景物的层次比较多，这也让我“悟”到了应该如何去组景的要旨。[14]

从这一布局转变中，反映了通过调整空间组合关系以符合自然山水的格局和道理。同时这种组合关系也对应着现实中的实用需求，如冯纪忠在《杭州花港茶室》一文中提到，“茶室满座的人其实也是蛮漂亮的。他们应该在设计当中被当作一个元素……所以平台的大小，也是根据有人的情况：脑子里先考虑有多少人在那儿，才有平台的大小啊。不然设计的大小就是完全凭构图，这是不行的”[15]。通过对当下西湖理景案例的分析，验证了在不同的时间线索中，园林布局组合关系的通用性。

此外，王澍在《自然形态的叙事与几何》一文中，阐述了“曲折尽致”的“理型”分析。他通过对“翠玲珑”“看山楼”“拙政园湖石小假山”等园林片段的理据分析，以及与此相关的一系列“范型”实验。以“理型”的原理，试图重启一种人与建筑融

14　刘仲：《花港拾遗》，《建筑学报》1997年第4期，第9—11页。

15　冯纪忠：《意境与空间——论规划与设计》，东方出版社，2010年，第100页。

入自然事物的“齐物”建筑观[16]。借由这一观点不仅可以帮助我们理解苏堤及其之上系列公共园林格局的指导性意义，还为我们从更加宽广和深入的层面，理解和认知园林组合关系的普遍性提供了新的启示。

南宋期间，苏堤在一系列事件的参与下，其属性开始发生转变。“咸淳五年（1269年），南宋朝廷又专门拨款，命临安府郡守潜说友进行修复，据文献记载，当时‘载砾运土，填益庳，通高二尺，袤七百五十八丈，广皆六十尺。堤旧有亭九，亦治新之，仍补植花木数百本’。”[17]通过潜说友对苏堤的修整，堤岸扩宽至六十尺（20米）。尺度的改变为苏堤赋予了新的维度，制造了差异性的可能，使苏堤中不同线索中的活动得以实现。新增纪念性园林建筑以组团的形式出现在苏堤的不同区段上，将原有的线性空间转换为具有连续性的节点组合场所，改变了苏堤单一的线性空间结构（图13），同时为大型聚集性活动的产生提供了可能。

长堤在节日庆典中则会扮演教化与集会空间的角色。在《梦粱录》“八日祠山圣诞”中，记载了关于节日庆典的具体活动和人们的游观情节。“初八日，西湖画舫尽开，苏堤游人，来往如蚁。其日，龙舟六只，戏于湖中。其舟俱装十太尉、七圣……杂以鲜色旗伞、花篮、闹竿、鼓吹之类。其余皆簪大花、卷脚帽

16 王澍:《造房子》，湖南美术出版社，2016年，第32页。
17 郑瑾:《杭州西湖治理史研究》，浙江大学出版社，2010年，第71页。

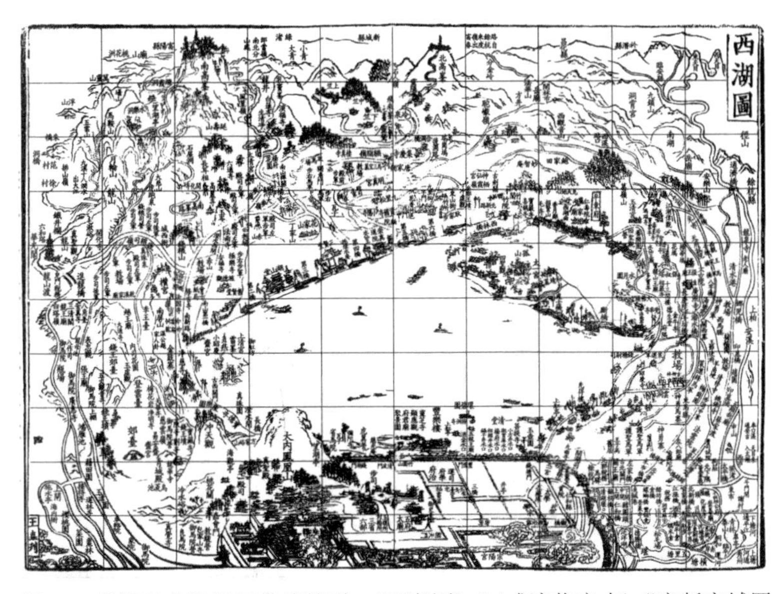

图 13　苏堤及其沿堤园林建筑群，《西湖图》《〈咸淳临安志〉“宋版京城四图”复原研究》

子……帅守出城，往一清堂弹压。其龙舟俱呈参州俯，令立标杆于湖中，挂其锦彩、银碗……乘小舟抵湖堂……湖山游人，至暮不绝……更兼仲春景色明媚，花事方殷，正是公子王孙，五陵年少，赏心乐事之时，讵宜虚度？至如贫者，亦解质借兑，带妻挟子，竟日嬉游，不醉不归。”[18] 苏堤游人来往如蚁与龙舟戏于湖中，凸显了苏堤与湖面观看与被观看的组合关系，同时人们的游

18 ［宋］吴自牧:《梦粱录》，中国商业出版社，1982 年，第 6 页。

观行为也揭示了苏堤作为日常集会的场所。同样，在《武林旧事》中，周密记载了关于西湖早春时节的竞渡争标活动。“龙舟十余，彩旗叠鼓，交午曼衍，粲如织锦。内有曾经宣唤者，则锦衣花帽，以自别于众。京尹为立赏格，竞渡争标。内珰贵客，赏犒无算。都人士女，两堤骈集，几于无置足地。水面画楫，栉比如鱼鳞，亦无行舟之路，歌欢箫鼓之声，振动远近，其盛可以想见。”[19] 竞渡争标的程序，使得堤岸与湖面形成相互关照的空间形式。在这一过程中，竞渡活动和游观行为同时作用于苏堤，并将苏堤之上各种既定意义的空间概念瓦解，体现了苏堤作为一种具有多重含义的空间形式。

关于“竞渡争标”这一事件，同样发生在北宋的金明池中，其具体内容在孟元老的《东京梦华录》中有详尽记载。

> 三月一日，州西顺天门外，开金明池、琼林苑。每日教习车驾上池仪范，虽禁从士庶许纵赏。御史台有榜不得弹劾。池在顺天门外街北，周围约九里三十步，池西直径七里许。入池门内南岸西去百余步，有面北临水殿，车驾临幸观争标、锡宴于此。往日旋以彩幄，政和间用土木工造成矣。又西去数百步乃仙桥，南北数百步，桥面三虹，朱漆阑楯，下排雁柱，中央隆起，谓之

19 ［宋］周密:《武林旧事》，中国商业出版社，1982 年，第 44 页。

驼驰虹，若飞虹之状。桥尽处，五殿正在池之中心，四岸石甃向背，大殿中坐，各设御幄，朱漆明金龙床，河间云水戏龙屏风，不禁游人。殿上下回廊，皆关扑钱物、饮食、伎艺人作场勾肆，罗列左右。桥上两边，用瓦盆内掷头钱，关扑钱物、衣服、动使。游人还往，荷盖相望。桥之南立棂星门，门里对立彩楼，每争标作乐，列妓女于其上。门相对街南有砖石甃砌高台，上有楼观，广百丈许，曰宝津楼。前至池门，阔百余丈，下阚仙桥水殿。车驾临幸观骑射于此。池之东岸，临水近墙，皆垂杨，两边皆彩棚幕次，临水假赁，观看争标。街东皆酒食店舍、博易场户、艺人勾肆质库，不以几日解下，只至闭池，便典没出卖。北去直至池后门，乃汴河西水门也。其池之西岸，亦无屋宇，但垂杨蘸水，烟草铺堤，游人稀少，多垂钓之士。必于池苑所买牌子，方许捕鱼。游人得鱼，倍其价买之。临水斫脍以荐芳樽，乃一时佳味也。习水教罢，系小龙船于此。池岸正北对五殿起大屋，盛大龙船，谓之奥屋。车驾临幸，往往取二十日，诸禁卫班直簪花、披锦绣、撚金线衫袍、金带勒帛之类，结束竞逞鲜新，出内府金枪、宝装弓剑、龙凤绣旗、红缨锦辔，万骑争驰，铎声震地。[20]

20 ［宋］孟元老撰:《东京梦华录注》，邓之诚注，中华书局，1982年，第181页。

巧合的是，在北宋张择端的《金明池争标图》中（图 14），所描绘的内容与孟元老在《东京梦华录》中描述的内容基本吻合。从争标程序上来看，尽管官方和民间的游观活动保持着清晰的界限，但是在“仙桥水殿”一带，通过孟元老的描述，可以看

图 14 由长墙与堤岸分隔形成的性质差异的空间并置，[北宋]（传）张择端《金明池争标图》，天津博物馆藏

到水殿中“各设御幄，朱漆明金龙床，河间云水戏龙屏风”的陈设是作为皇家观赏场所之用，而在开池期间从桥上两边到殿上下回廊聚集了各种民间日常事件。这里同一场所中两种不同属性的活动内容并置在一起，仪式与日常的边界被消除，空间形式非只为仪式。

从空间格局来看，在《金明池争标图》中，金明池由四面局部带有长墙的堤岸围合而成，其中一侧置有不同形态的作为观赏用途的楼阁。墙体与堤岸这一构成元素同时也作用于金明池的内部空间。从金明池南侧开始，以东西向的长墙及堤岸从南到北依次将宝津楼、南岸、临水殿和月台、彩楼和虹桥等场所隔开，加上长墙与堤岸的曲折与参差，形成不同层次场域的分隔与联系，并分属于内部与外部、观看与被观看、参差与开合、仪式与日常诸线索中。而在西湖，苏堤西侧分布着先贤堂、湖山堂、三贤堂等园林建筑，以及苏堤自身被墙体、亭子、六桥等元素分隔的系列场所（图 15），它们与苏堤一同构成观看的空间场域。苏堤起到的分隔与联系，不仅作用于里湖和外湖，同时也将作用于苏堤西侧的系列园林建筑群。从而使得不同性质的活动能够发生于此。

在《金明池争标图》中的四面围合的堤岸及长墙与苏堤作用相似，二者皆承载着具体的节日庆典和游观活动。分布在金明池南岸的游观建筑群，转换为苏堤沿堤的各种纪念性建筑，既是观赏点的所在位置，也是官方礼教中心。金明池中建筑群组以长墙

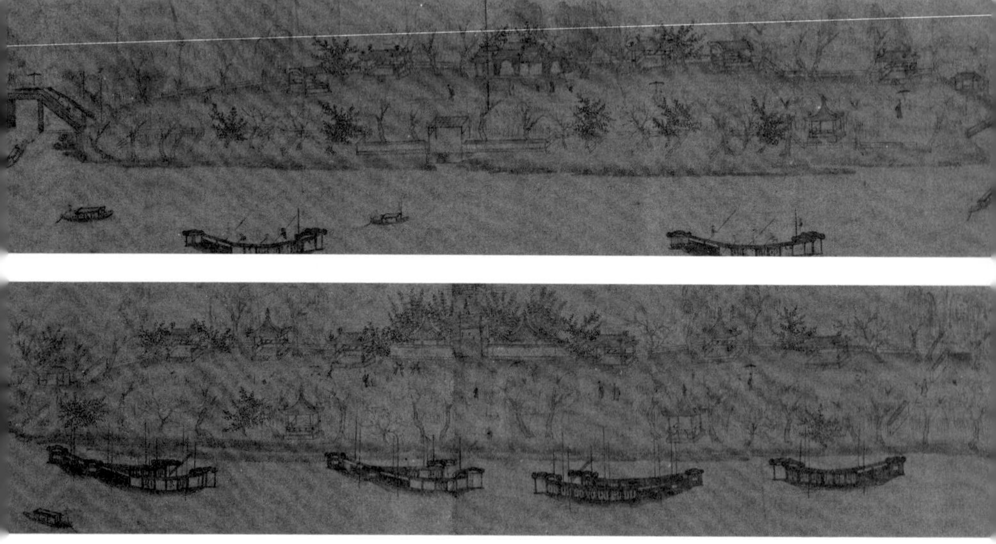

图 15 苏堤上被不同元素分隔的具有差异性质的空间场所，《西湖清趣图》（局部），美国弗利尔美术馆藏

与堤岸分隔，并延伸至池中形成对照的关系，日常和仪式、观看与被看的关系确立。这与苏堤和堤上系列园林建筑的组合关系相似。而“池之东岸的彩棚幕次，临水假赁，观看争标和池之西岸垂杨蘸水，烟草铺堤，垂钓之士”，构成了以日常为线索的民间叙事，如同苏堤之上“在在成市”的景象。然而，不同的是，苏堤及其园林建筑以自然山水为基底，其布局一定程度上受到地理特征的影响。

以“竞渡争标”这一节庆活动为线索，通过对金明池和西湖的空间形式进行对比讨论，构成苏堤及其公共园林形式的一般性和特殊性因素得以显现，进而可以理解影响苏堤转向城市园林的组合方式。当仪式、庆典、日常集会等活动在同一空间场地中，诸活动和场地相互兼容、对抗，随着时间的推移，原本的场地与环境转变为某种聚集活动的空间形式表达，并形成一种符合多种用途的异质性空间类型。

金明池作为人工开凿的方形池水，既有练兵场的实际需求，也有游观场所的教化用途。这一形式承载了不同层面的内容与意图。同样在西湖之中，西湖及苏堤不仅作为重要的水利设施，关乎于人们的基础生活保障。同时也是城市中重要的聚集性场所，承载着人们的物质和精神需求。这些包含了诸多层面内容的形式，是以具体的生存需求作为基本参照。而非对形态和样式的追求。正如顾凯在《中国古典园林史上的方池欣赏：以明代江南园林为例》一文中，从方池和曲池的差异现象出发，指出方池表达了“适意”和“求理”的欣赏方式，而不以实在山水形态为关注对象[21]。顾凯提出的观点，其重要意义在于他对形态的关注，反映了内在含义层次的弱化。而在西湖中，苏堤及公共园林的空间形式是基于地理环境特征和人们的实际需求，因此有着适应多种用途的灵活性。这一形式的重要意义在于，能够消除空间形式的概念化，并重新理解与认知园林的空间形式。

21　顾凯:《中国古典园林史上的方池欣赏：以明代江南园林为例》,《建筑师》2010 年第 3 期，第 44—51 页。

关于园林作为一种普遍性要素的认知转变，同时还来自王澍提出的“园林的方法”。

> 于是我找到了园林的方法，即不是把建筑作品当作应予分析的人工制品，而是当作一种意识的体现：一种邀请人们去参与的一个假定世界的意识和经验。这种方法使设计的兴趣不是与既定的延续、发展、结构相联系，而是与一系列富有质感的建筑片段的欢悦联系在一起。从最初的工作模型直到最后营造的东西，反映了实验的过程和我所谓园林方法的某种原则：1. 在一次设计中，最大可能数目的姿态、形象和情节事件的诸单元应同时完成。2. 一切功能均可互换。这就造成了一种建筑语言的简洁。建筑师虽然创造了一种假定的意义形式，但这意义形式是未决定的，就像一个戏剧舞台，功能上、体验上、事件上的可能性与多样性，将成为一种震撼的效果。需要补充的是：在这里。城市与建筑，公共建筑与普通住宅，建筑与园林以及建筑与建筑之间的分类界限都被一种不可归类的态度抹消，不设界限本身就是一种建筑观。[22]

22 王澍：《设计的开始》，中国建筑工业出版社，2002 年，第 168—169 页。

在这一理论中，“园林的方法”不仅在于消除园林与建筑的界限，更重要的是将生活世界中所有营造活动恢复到了一种等价性的平面之上。单从园林的角度来看，在消除园林边界的同时，还将园林还原到一种普遍性的城市要素中。这将意味着苏堤及其公共园林的形式，可以被视作为一种普遍意义上的建筑类型。

关于园林建筑所引发的心智和精神的启示，在苏堤的各处空间中均有所体现。如竹水院的“涧松茂盛，密荫清潲，委可人意”；先贤堂的“廊头道士书符简，门外游人挈酒瓶；分坐夕阳斜背水，鼓箫于此最宜听”；湖山堂的“红尘不受斜阳压，暗逐东风人画船”；崇真道院的“讲道无人知畏垒，集仙有阁想崆峒”等。这些现象皆表达了因景寓情的现象，折射了人类生存的真实境况。冯纪忠在《风景开拓议》一文中，借助柳宗元的诗歌“清冷之状与目谋，营营之声与耳谋，悠然而虚者与神谋，渊然而静者与心谋”，指出了风景从切身体验到启迪思考的转换过程[23]。这一过程，既标定了风景的内涵与作用，还表明了公共园林建筑在精神层面的价值。

需要特别指出的是，园林建筑精神层面的深层逻辑，实质上也是一种结构的构造。这一构造通过对各项构成元素的组合，实现象外之意的表达。正如在柳宗元在《愚溪诗序》中，通过建造

23　同济大学建筑与城市规划学院编:《建筑弦柱——冯纪忠论稿》，上海科学技术出版社，2003 年，第 99 页。

自己的“愚园”，来表达自己“超鸿蒙，混希夷，寂寥而莫我知也”的心境。从中可以看出，自然之理与心神之志之间的转换，体现了物理空间如何将人与自然之理连通。而苏堤园林建筑的营造，则是通过对自然物象组合方式的认同与转换，达到物我合一的状态，从而抒发内心的思绪和感受。当然，处境不同，所表之意也有所差异。

第三节 因堤成景

苏堤作为人类生存环境的诗意表达。其在理景层面，苏堤不仅构造风景，同时也展现了自身作为风景营造的揭示作用，并呈现出一种旷与奥的特征。关于旷奥与风景的关系，冯纪忠借柳宗元之口，以“旷如也，奥如也，如斯而已”阐释了风景的标准。并进一步提到，“奥者是凝聚的，向心的，向下的，而旷者是散发的，向外的，向上的。奥者静，贵在静中寓动，有期待、推测、向往。那么，旷者动，贵在动中有静，即所谓定感”[24]。旷与奥作为风景中对立要素的特征，凸显了各事物之间的组合关系。这种关系所体现的动势似乎寓含了生命气息的特征。柳宗元在《永州龙兴寺东丘记》中，以具体的形式回应了这一特征：“其地之凌阻峭，出幽郁，寥廓悠长，则于旷宜；抵丘垤，伏灌莽，迫

24 同上，第102页。

邃回合，则于奥宜。因其旷，虽增以崇台延阁，回环日星，临瞰风雨，不可病其敞也；因其奥，虽增以茂树丛石，穹若洞谷，蓊若林麓，不可病其邃也。”诗中柳宗元对旷奥之宜进一步标定，赋予旷奥以具体的形式和内涵。

当苏堤贯通于里外二湖形成的差异场所之中，二者之间的旷奥特征聚集于此，苏堤成为视野分离的载体。内湖区域山体与水系形成的曲折与回环的地理特征，引发了关于“深远”之意的视野表达。外湖区域湖面与远山形成的清旷与缥缈的身体经验，彰显了“平远”之意的视野内涵。在《梦粱录》中，对苏堤之上的先贤堂和三贤堂所处位置环境特征的描述，能够更好地说明苏堤的旷奥特征。关于先贤堂的“其地前挹平湖，四山环合，景象窈深，惟堂滨湖”，在随后在三贤堂的描述中，这种特征再次重现，“正当苏堤之中，前挹湖山，气象清旷，背负长冈，林樾深窈，南北诸峰，岚翠环合，遂与苏堤贯联也”[25]。上述文献呈现了苏堤两侧地理环境特征的差异对比，表明了因苏堤的修筑，“清旷”与“深窈”的对应关系得以确认。

苏堤横亘西湖南北，将群山与湖水一分为二，其恰好在山林与水泽之间，城市与湖山之间，静谧与喧嚣之间。故而，苏堤如入口屏障，一物寓多意。在风景营造中，长堤卧波，隔而不断，是分隔也是连续，是屏障也是入口。冯纪忠认为，境之旷奥者的

25 ［宋］吴自牧:《梦粱录》，中国商业出版社，1982年，第94—95页。

质量不能以感受进行评价。他指出，境之奥者的质量是因入口的质量而决定，并借助三首诗词指出入口质量的三个层级。1.“四面荷花三面柳，一城山色半城湖”，好在方向感和垂直深度。2.沈括《绩溪诗》云：“溪水激激山攒攒，苍岩腹封壁四环，一门中辟伏惊澜，造物为此良有源。”环四壁，一门中辟，点出入口中以豁口形态为标准。3.《柳文八记》中有一段“四面竹树环合”，中间是个小潭，但有一处“斗折蛇行，明灭可见”。上面竹林十分茂密，下面有这么一个豁口，闪闪烁烁，一霎可见，一霎不见。且曲折有深度，这个口极妙。[26]这些层级逐层推进，既是标准的依据，也是操作方法。对于苏堤构造的境之奥者来说，苏堤“六桥”即是豁口的表征，其内部山林水系的婉转顿挫，则是境之奥的具体呈现。并且在一堤之下，形成了六者之间的差异表达。其中《梦粱录》中有关于“映波桥”内的具体描述，“映波桥侧竹水院，涧松茂盛，密荫清漪，委可人意”[27]则反映了境之奥者的意象。境之旷者尽在长堤之上，堤上面对外湖方向的不同视点位置则会形成性质差异的清旷之景。如“后垄如屏，众木摇天，前峰如幕，晴岚涨烟，十里湖光，一碧澄鲜”[28]。在叶茵的《苏堤》中，既展现了苏堤及其周边地理环境塑造的旷奥之意，

26 同济大学建筑与城市规划学院编：《建筑弦柱——冯纪忠论稿》，上海科学技术出版社，2003年，第102页。

27 ［宋］吴自牧：《梦粱录》，中国商业出版社，1982年，第94页。

28 徐吉军：《南宋都城临安》，杭州出版社，2008年，第352页。

同时也表明了这一风景特征的精神价值。“南北山围翡翠堤，堤边绿涨软琉璃。参差台榭无余地，杂踏轮蹄了四时。杨柳又多前日树，梅花只少近人诗。停篙不看春风面，闲伴渔翁理钓丝。”[29]于是，苏堤一堤寓两境，巧妙地引出了湖山的地理特征和精神价值。

旷奥所体现的含义，在于自然格局与人类生存状态的关联与表达。郭熙在“三远”中提到，“深远之色重晦，平远之色有明有晦”。“重晦”“有明有晦”与“深窈”“清旷”的意义相似，旨在呈现地理环境的特征及其与人类生存的关系。需要指出的是，郭熙是用“色”来描述这种特征，通过“色”使人们对自然地理特征得到体认。关于“色”的本义，渠敬东指出，“‘色’的本义，更接近于《文心雕龙·物色》所说的意思：‘写气图貌，既随物以宛转。’‘色’字，源出于‘气色’之义，所谓‘颜色’，指的便是貌生于心、心达于气，人们常说的和颜悦色或是正颜厉色，都是这个意思。色自于气，说的不仅是物象的外部表征，更是内在生命的初始状态，有了生之气，才会有颜之色。《诗经·大雅》中的‘令仪令色’，便是‘气韵生动’的写照”[30]。当“色”作为自然事物内在生命状态的呈现时，“清旷”与“深窈”既是因苏堤揭示出湖山的自然形态表征，同时也是人类生存境况的

29 ［清］翟灏等辑：《湖山便览》，上海古籍出版社，1998 年，第 53 页。

30 渠敬东：《山水天地间：郭熙〈早春图〉中的世界观》，生活·读书·新知三联书店，2021 年，第 76—77 页。

投射。

王澍在《自然形态的叙事与几何》一文中，借皇陵选位几易方案之事，提出了一种自然形态的叙事与几何。这一结论提供了关于旷奥内涵意义深度的思考：“面对现场，详勘现场，先提出假设，再仔细甄别验证，这与其说是神秘直观，不如说是一种严格的科学态度。问题是这种假设的出发点并非自闭的分析理性，而在于一种确信，即自然的山川形态影响着人的生存状态与命运。由长期经验从自然中关照出的诸种图式，和这种先验的自然格局有可能最大限度地相符。因此，相关的思维与做法不是限于论辩，而是一种面对自然的，关于图式与验证的叙事。或者说，与文学不同，这是关于营造活动本身的叙事。这种验证，不仅在于符合，也可以对自然根据‘道理’进行调整修正，它必然涉及一种有意义的建造几何学，但显然不是西人欧几里得几何，毋宁说是一种自然形态的叙事与几何。”[31] 这一观点的重要意义在于自然形态的叙事，建立起了地理环境特征与人类生存之间的等价关系，昭示了园林从实用性到诗意性的全部内容，进而拓宽了关于旷奥特征的内在含义。

旷奥对于自然地理特征与人类生存境况二者的关系来说，人们通过身体感知，将对地理特征的理解转换为个体经验的表达。当面对不同的需求，则会产生不同的结果。在农业水利方面，王

31 王澍：《造房子》，湖南美术出版社，2016 年，第 23 页。

建革指出，出于对生产的需求，单锷将曲折婉转的地理特征转换为治水的原理。在《吴中水利书》中，“古有七十二会，盖古之人以为七十二会曲折婉转者，盖有深意，以谓水随地势东倾入海，虽曲折宛转，无害东流也。若遇东风驾起，海潮汹涌倒注，则于曲折之间，有所回激，而泥沙不深入 也。后人不明古人之意，而一皆直之，故或遇东风海潮倒注，则泥沙随流直上，不复有阻。凡临江湖海诸港浦，势皆如此，所谓今日开之，明日复合者,此也！今海浦昔日曲折宛转之势不可不复也。”[32] 从中可见，单锷对“七十二会曲折婉转”这一地理特征的理解，主要关注的是如何利用这些曲折婉转的特征在水利建设中趋利避害，从而确保农业发展的昌盛。

然而，在构造风景层面，“曲折婉转”的地理特征则在苏堤展现为旷奥之意。在苏堤第二桥锁澜桥处，张炎的《瑶台聚八仙 • 杭友寄声以词答意》一文形象地印证了这一议题。“秋水涓涓，人正远、鱼雁待拂吟笺。也知游意，多在第二桥边。花底鸳鸯深处影，柳荫澹隔里湖船。路绵绵、梦吹旧笛，如此山川。平生几两谢屐，任放歌自得，直上风烟。峭壁谁家，长啸竟落松前。十年孤剑万里，又何似、畦分抱瓮泉。中山酒、且醉餐石髓，白眼青天。”[33] 可以看到，其中循着“花底鸳鸯深处影，柳荫

32　王建革:《水乡生态与江南社会(9—20 世纪)》，北京大学出版社，2013 年，第 196 页。

33　徐吉军:《南宋都城临安》，杭州出版社，2008 年，第 271 页。

澹隔里湖船”逶迤行进，一直到峭壁长啸落松前，唤起诗人十年孤剑万里的深远之意。

在关于柳宗元旷奥理论“游之适”再认识的讨论中，刘滨谊和赵彦通过对“游”的词源学分析，指出“古代氏族部落迁徙‘持旌旗’奉‘神’而‘斿’、寻‘中’迁居的仪式活动带来了‘斿’的物理行动性（遊）与精神宗教性（游）的二层内涵，在天人关系告别‘绝地天通’实现‘内向超越’之后则将身体性的位移活动记为‘遊’，将精神性的思维活动记为‘游’，并承继了‘斿’所具有的向心、运动、线性、周环等特点”[34]。从“游”所包含的双重含义中我们可知，不论是在最初迁居仪式活动，还是在之后的风景营造中，旷奥都包含了人类生存的物理性与精神性层面的内容。因此，对于苏堤来说，其所呈现的旷奥之致同样涉及从最基本的生存之需到精神启迪的全部内容。

正如在白居易的《春题湖上》中，有着类似的描述，“湖上春来似画图，乱峰围绕水平铺。松排山面千重翠，月点波心一颗珠。碧毯线头抽早稻，青罗裙带展新蒲。未能抛得杭州去，一半勾留是此湖”。从“乱峰围绕水平铺。松排山面千重翠，月点波心一颗珠”到“碧毯线头抽早稻，青罗裙带展新蒲”，不仅呈现了湖山的自然地理特征，也映射出人类在这片土地上具体而真实

34　刘滨谊、赵彦:《结“亭”组景的旷奥理论研究》，《中国园林》第35卷第7期，2019年，第17—23页。

的生存迹象。如同苏堤一般，其不仅体现了人们对自然地理环境的改造，更展现了人类城市生活空间的营造。通过其独特的风景构造和文化内涵，苏堤成为连接自然与人类生存的重要纽带，充分展示了风景中的旷与奥的特征，揭示了自然地理与人类生存的深刻关系。

第四节　日常生活场所

在以苏堤为线索形成的公共空间内部，堤上系列公共园林、长堤及湖面相互组合在一起，形成了不同形态的空间场所。这些空间在不同属性活动的参与下，获得了自身的特征与属性，但这些空间的边界却是难以确定的。由于苏堤上不同性质活动的交织与叠加，引发了空间特征的不确定性。这一不确定性为人们的日常活动提供了自由参与的机会，进而形成了以日常生活为线索的场所特性。这一特性可以通过分析人们在苏堤及其相关场地中的活动加以识别。因此，苏堤作为日常生活场所的表达，个人性的日常活动开始转向独立叙事线索，相应的活动场所也逐渐形成集体性的表达。

南宋淳熙年间，国家“与民同乐”政策的推行，不仅滋养了人们自由的心性，而且也促进了各项世俗活动的发生，由此形成了与教化相平行的民间集体性活动。这些集体性的活动都与教化仪式或者节日庆典发生关联，具体与游观、买卖、娱乐等活动建立联系。此外由于西湖具有的开放性和生产性，带来了关于个人行为的表达。这些个人行为通过日常休闲活动和劳作与苏堤发生关联。以上这些活动形成了相应的集会、娱乐、交往、劳作等空间形态。

在西湖的节日庆典和相应的游观活动中，往往会引发一些买卖活动，尤其是在皇家和官方组织的大型庆典活动中，商业活动种类丰富，形式多样。据《武林旧事》载，在先贤堂、三贤堂一带，聚集着各种商业活动，“果蔬、羹酒、关扑、宜男、戏具、闹竿、花篮、画扇、彩旗、糖鱼、粉饵，时花、泥婴、珠翠冠梳、销金彩段、犀钿、髹漆、织藤、窑器、玩具等物，无不罗列”[35]。这些活动以苏堤和公共园林相连接的空间区域为核心，形成了以商业为线索的集会空间。在《西湖清趣图》中，我们可以看到在先贤堂一带，堤上林立的店铺所形成的市集场所（图16）。另外，在南宋“西湖一日游”的行程中，湖山堂一带作为堤上集散地之一，水陆流线转换带来的人群汇聚，则会形成一种交流与聚集。据傅伯星考证，“南宋‘西湖一日游’是先南后北，即从涌金门外上船，向南在船上观赏灵芝寺（今钱王祠）、显应观、聚景园等一应景点，至长桥折西在夕照山前上岸，游雷峰塔、净慈寺，回船稍前折西，沿苏堤东侧湖山堂前泊舟上岸，时

35 ［宋］周密：《武林旧事》，中国商业出版社，1982年，第42页。

图 16　先贤堂门前店铺林立，[元] 佚名《西湖清趣图》（局部），美国弗利尔美术馆藏

近中午”[36]。中午时分，湖中大量人群登上堤岸，形成特定的聚集区域以及相应的集会空间。

在苏堤上的零散空地及其周边的湖面区域，这些用途不明确、性质含混的空间构成了“赶趁人”的主要活动空间。被谓之“赶趁人”的有歌妓舞鬟、吹弹、舞拍、杂剧、杂扮、撮弄、胜

36　傅伯星:《大宋楼台》，上海古籍出版社，2020 年，第 259 页。

花、泥丸、鼓板、投壶、花弹、蹴鞠、分茶，弄水、踏混木、拨盆、杂艺、散耍、讴唱、息器、教水族飞禽、水傀儡、鬻水道术、烟火、起轮、走线，流星、水爆、风筝等[37]，这些以移动方式所形成的叙事线索，其流动性和偶然性形成的可调节性，不断改写着湖中区域和堤岸上的各处场地的场景和属性。而苏堤具有的流动和聚集属性，易于形成一个上演这些事件的娱乐性空间。

在长堤及其沿岸区域，个人行为以自身意趣为核心，在堤岸水际边、深柳疏芦处、休息亭子内构成了人们自我意趣表达的主要空间。在《梦粱录》中，记录了有关人们在堤岸边纳凉避暑的事件，“是日湖中画舫，俱舣堤岸，纳凉避暑，姿眠柳影，饱挹荷香，散发披襟，浮瓜沉李，或酌酒以狂歌，或围棋而垂钓，游情寓意，不一而足”[38]。其中展示的堤边各种消暑方式，以一种极具个人性的方式建构着苏堤的意义，并形成相应的日常交往空间。同样在《武林旧事》中载道，“都人凡缔姻、赛社、会亲、送葬、经会、献神、仕宦、恩赏之经营、禁省台府之嘱托，贵当要地，大贾豪民，买笑千金，呼卢百万，以至痴儿骏子，密约幽期，无不在焉”[39]。这些活动几乎涉及日常生活的方方面面，甚至有些活动不再以教化仪式活动作为引导，而是以自身需求展开的日常活动行为。

37 ［宋］周密:《武林旧事》，中国商业出版社，1982年，第42页。

38 ［宋］吴自牧:《梦粱录》，中国商业出版社，1982年，第22页。

39 ［宋］周密:《武林旧事》，中国商业出版社，1982年，第42页。

在夏圭的《西湖柳艇图》中，堤岸、农田与湖水相间，水榭、行人、舟舫与湖堤相依，画面内容层层推进，相互掩映，展现了具有真实性的湖堤生活景象（图 17）。其中，堤岸边上，分布着茅草和瓦屋顶的茶舍酒肆，以及夹杂在房屋之间的码头，湖中画舫与小舟，堤内游人与农田，勾勒了生活在这片土地上的人们的真实境况。这些景象不仅反映了人们的日常生活，同时也展现了个体境遇构成的集体意识的时代表征。

画面中，以劳作为线索的叙事，是西湖及苏堤场所建构极为重要的组成部分。由小舟承载的打渔、劳作等事件对应着湖面与六桥的空间场地。比如在《梦粱录》的“湖船”中，“湖中有撒网鸣榔打鱼船”，就体现了人们打渔劳作的场景。潘阆的《酒泉子·长忆西湖》——“长忆西湖。尽日凭楼上望：三三两两钓鱼舟，岛屿正清秋。笛声依约芦花里，白鸟成行忽惊起。别来闲整钓鱼竿，思入水云寒”以田园景象寓个人思绪，体现了西湖的生产属性特征，以及由此唤起的个人情感寄托。或如林逋的《孤山寺端上人房写望》——“底处凭栏思渺然，孤山塔后阁西偏。阴沉画轴林间寺，零落棋枰葑上田。秋景有时飞独鸟，夕阳无事起寒烟。迟留更爱吾庐近，只待春来看雪天”，其中关于西湖之中的棋枰葑上田，以农田带劳作，呈现了以劳作为线索的人类真实生存状态的空间领域。

这些场景中所展示的每一处活力，皆来自人们的个体性表达，他们用自己的个人生活经验构建了苏堤的每一个角落，即使

图 17　具有真实性的湖堤生活景象，［南宋］夏圭《西湖柳艇图》，台北“故宫博物院”藏

图 18　今日苏堤沿堤两侧各种个人性的活动场所，作者自摄

在今天，苏堤作为单纯的游览空间，其空地区域也分布了不同属性的个人活动行为（图 18）。在这样的情况下，从仪式和世俗两个层面构建了西湖与苏堤的日常生活场所。这里看似充满矛盾，充满无序，但当我们按照某一线索进行体验时，又显得如此合理。

第六章　西湖亦何有，万象堤中生

在疏浚和治理西湖的过程中，圩田和陂湖系统中的水利与城市观念，以愈来愈丰富和复杂的形态出现在苏堤中，随之而来的则是一种非连续与非同质的体验。在长堤、湖面与纪念性公共园林的组合关系中，教化仪式与日常集会相伴而生，这是一种极为精巧而又复杂的建构地理环境和城市公共场所的过程。通过这种建构过程，使得苏堤当中可度量性的要素进入不可度量的领域，在可感知的诸场所中唤起一种对历史记忆深度和广度的暗示。总而言之，苏堤涵盖了一种历史厚度，它转换了圩田和陂湖系统观念中的基本主题。这些主题作为人类生存状态的探索过程，既有对自然地理环境的认知与把握，也有对聚落场所空间的想象与转换。在这一过程中逐渐形成了一种基于生存需求的、真实且具有诗意的空间形式与审美价值。

关于苏堤的修筑，当苏轼面对特定的地理环境特征和社会问题时，他从皇家命运、城市发展、农业需求、运河畅通、酿酒税收五个方面回应了这些问题。事实上，五者归于一体，就是清淤除葑。然而，面对如何处理葑田的具体问题，不但促使了苏堤的修筑，也解决了下湖区域农田灌溉、运河疏通、城市生存用水、城市居民洗濯防火、放生祈福、酿酒税收、完善交通系统等一系列不同层面的问题。这些来自不同维度的问题汇聚于苏堤，连接了苏堤与城市之间的关系。由此城市赋予了苏堤特殊的意义，反之显示出苏堤在杭州城市结构中的特殊性。

从水利属性来看，苏堤从圩田系统到疏浚西湖的过程中形成了一系列具体转换，包括种菱除葑、葑泥筑堤、堤上种植桃柳和堤岸阻挡泥沙等。这些措施不仅清除了葑田，也有效阻挡了上游泥沙的流入，缓解了西湖的淤积问题。而且还改善了下湖区域农田的灌溉条件，保障了农业生产的稳定。同时，清淤和筑堤使运河系统更加畅通，确保了水上运输的顺利进行，促进了货物流通和经济发展。水利层面的内容，不仅仅局限于西湖区域，而是涉及了整个城市的生活基础保障系统。

苏堤的城市属性聚焦于城市与湖山的融合。苏堤在城市和风景格局中地理位置的特殊性，一定程度上决定了城市生活与湖山风景的相互交融。苏堤在城市格局中的地理位置，连通南北二山及里外之湖，形成的水陆交通便利性有利于城市生活聚集与此。此外，堤上宗教、礼仪等一系列教化场所的建造，所形成的教化仪式活动，以及与其相关的经济活动和日常生活交织在一起，连通性与聚集性互为彼此，使得苏堤成为多重意义层叠的城市聚集场所。苏堤在风景格局中的地理位置，介于湖山与水域的交汇处，引出了西湖所蕴含的旷奥特征，赋予了场地一种山水精神属性，并引发了与此相关的人生启示与想象。苏堤的修筑体现了其在风景格局中所蕴含的“遁物无形”的能力，使其转换为风景型的结构性通则。根据文献记载，堤上各处祠、观及私家宅院的营造中，皆为顺势而为形成的风景场所营造，也就是对苏堤引出的旷奥原理的延续与演变。总之，苏堤的基本形式创造了前所未有的精神和情感空间，既包含了城市性的场所特征，也体现了地方环境带来的特殊品质。

苏堤从水利设施到城市性场所的转换，从葑田堆积到南北二山之通，城市以苏堤的交通属性为线索，城市生活开始汇聚于苏堤之上。到了南宋，苏堤被拓宽，且在原有的“九亭”之上新增了一系列的纪念性园林建筑，不仅增强了苏堤的聚集性，也丰富了苏堤的场所含义。在这其中，尽管场所的意义持续发生变化，但是聚集性的线索作为一种持久性的元素一直作用于苏堤的场所营造中。

关于聚集性的表达，不仅作用在某一区域中，而且也是形成城市的一种潜在构造。关于苏堤与城市之间的关系，体现在苏堤所包含的各层面的聚集性。具体表现为：以提供生活与生产用水为生存条件，以水陆交通便利为基础条件，以游观风景的生活风俗为重要纽带，以礼教、商业、娱乐、交往等为日常需求，与相对私密的城市住宅区域形成了鲜明对比，带动了二者之间的强烈互动。正如阿尔多·罗西在讨论城市主要元素与住宅范围之间的关系时，借用巴尔特（Hans Paul Bahrdt）的话指出了集合属性似乎是构成城市的起源和结束。“我们的论点如下：城市是一个体系，所有生活在其中都表现出或为公共或属私密的两极倾向。公共和私密领域在一种密切但却保持两极的关系中发展，而那些既非‘公共’又非私密的生活也就失去了意义。从社会学的观点来看，这种两极关系越明显，它们之间的互换关系就越严密，城市的集聚生活就更有城市味。反之，集聚就会使城市特征处于较低的层次上。”[1] 可以看出，聚集性所产生的能量对于城市的重要作用，密切交流与融合促使着城市的发展与演变。

在圩田系统中，生产活动不断发展的同时，聚落体系也随之形成。唐末时期，圩田系统中已经出现了有关城市性的场所，在交通便利的河道两岸，形成了集市村庄或者集镇，同时在水流交汇处有水栅设施，以防盗贼[2]。圩田体系的生成机制在农业水利和聚落的格局中相互转换，逐渐形成新的表达，一个生产和生活相互交融的秩序体系。聚落因聚集而产生。回到西湖苏堤，其在重新组织各构成要素之间的关系时，以一种叠加的过程呈现，按照相似性差异原则将各构造要素在不同线索的类别下进行转换，从而形成不同叙事线索的交织。苏堤中各构成元素在结构之间的转

1　［意］阿尔多·罗西(Aldo Rossi):《城市建筑学》，黄士钧译，刘先觉校，中国建筑工业出版社，2006 年，第 86 页。

2　王建革:《水乡生态与江南社会(9—20 世纪)》，北京大学出版社，2013 年，第 147 页。

换性，消除了历时性发展的制约，以及对个人主体性支配的取代，具体表现为苏堤作为公共和个人观念共同塑造的过程，并以一种集体性的形式运转，同时展现了一种开放性的姿态。

苏堤所蕴含的多重线索的集合性，意味着人们改造自然的主体感知经验在实际需求中不断地调和和转换，并且依照某种线索以相互独立的方式同时呈现。这种叠加关系有别于现代科学的自主工具性，它聚集了不同层面的观念与思考，并以一种并置的、等价的方式呈现，体现了一种开放性和批判性，既决定着某种现实构造的秩序，同时又在不断的建构着自身。正如科林·罗（Colin Rowe）所说，“传统也拥有重要的双重功能，它不仅产生了某种秩序或者某种社会结构的东西，而且也为我们提供了可以在其中进行操作的东西，某些我们可以批判、改变的东西。……正如自然科学领域中的神话或理论的发明具有一种功能——帮助我们为自然事件赋予秩序——社会领域中所创造出来的传统也是如此”[3]。由此，我们通过阐释苏堤所凝聚的自然秩序的观念和地方日常生活的集体记忆，来回应苏堤内部所包含的复杂线索是如何转换为城市景观场所这一议题，并理解城市景观场所的内涵和营造方式。

3 ［美］科林·罗（Colin Rowe）、弗瑞德·科特（Fred Koetter）:《拼贴城市》，童明译，同济大学出版社，2021 年，第 222 页。

责任编辑：章腊梅
装帧设计：张　钟
责任校对：杨轩飞
责任印制：张荣胜

图书在版编目（CIP）数据

长堤成市 ： 西湖苏堤及其场所转换 / 杨振宇主编 ； 孙梓钧， 冯志东著. -- 杭州 ： 中国美术学院出版社， 2024. 11. -- ISBN 978-7-5503-3522-6

Ⅰ. TU984

中国国家版本馆 CIP 数据核字第 2024JJ6969 号

长堤成市——西湖苏堤及其场所转换

孙梓钧　冯志东　著　杨振宇　主编

出 品 人：祝平凡
出版发行：中国美术学院出版社
网　　址：http://www.caapress.com
地　　址：中国・杭州南山路 218 号 / 邮政编码：310002
经　　销：全国新华书店
印　　刷：杭州恒力通印务有限公司
版　　次：2024 年 11 月第 1 版
印　　次：2024 年 11 月第 1 次印刷
印　　张：3.5
开　　本：889mm×1194mm　1/32
字　　数：110 千
印　　数：0001—1000
书　　号：ISBN 978-7-5503-3522-6
定　　价：58.00 元